Divya S. Patel
A. V. Kachot (Ed.)
D. M. Jethva (Ed.)

Incorporação de fungos entomopatogénicos contra o pulgão da mostarda

AF301824

Divya S. Patel
A. V. Kachot (Ed.)
D. M. Jethva (Ed.)

Incorporação de fungos entomopatogénicos contra o pulgão da mostarda

Impacto incrível de Beauveria bassiana (Balsamo) Vuillemin em Lipaphis erysimi (Kaltenbach)

ScienciaScripts

Imprint

Any brand names and product names mentioned in this book are subject to trademark, brand or patent protection and are trademarks or registered trademarks of their respective holders. The use of brand names, product names, common names, trade names, product descriptions etc. even without a particular marking in this work is in no way to be construed to mean that such names may be regarded as unrestricted in respect of trademark and brand protection legislation and could thus be used by anyone.

Cover image: www.ingimage.com

This book is a translation from the original published under ISBN 978-620-7-46004-5.

Publisher:
Sciencia Scripts
is a trademark of
Dodo Books Indian Ocean Ltd. and OmniScriptum S.R.L publishing group

120 High Road, East Finchley, London, N2 9ED, United Kingdom
Str. Armeneasca 28/1, office 1, Chisinau MD-2012, Republic of Moldova, Europe
Printed at: see last page
ISBN: 978-620-7-65642-4

INTRODUÇÃO

As culturas oleaginosas estão a seguir aos cereais na produção de produtos agrícolas na Índia. Ocupam um lugar de primeira importância na economia indiana. As principais culturas oleaginosas cultivadas na Índia são o amendoim, o sésamo e o niger na época *da kharif* e a mostarda, o linho e o cártamo na época *da rabi*.

A mostarda, *Brassica juncea* (Linnaeus) Czern e Coss, é considerada de grande importância económica no comércio nacional e internacional. Pertence à família das crucíferas. É originária da China e, a partir daí, foi introduzida no Nordeste da Índia. A mostarda tem mais de 350 géneros. De acordo com Downey (1983), sob os nomes de colza e mostarda, são cultivadas várias espécies na Índia. Estão divididas em seis grupos: *Banarasi rai,* vulgarmente designada por mostarda preta: *Brassica nigra* (Koch), colza ou sarsão castanho ou toria, vulgarmente designada por nabo *silvestre*: *Brassica campestris*(Linnaeus), *Jangli rai*: *Brassica tournefortii*(Gouan), *Karan rai vulgarmente* designada por *mostarda da Etiópia*: *Brassica carinata*(Braun), mostarda vulgarmente designada por mostarda indiana ou *rai*: *Brassica juncea* e *gobisarson* vulgarmente designada por *colza*: *Brassica napus*(Linnaeus). Entre estas, a mostarda indiana, *B. juncea,* é a espécie mais popular na Índia.

As sementes de mostarda demoram geralmente oito a dez dias a germinar se forem colocadas nas condições adequadas, que incluem uma atmosfera fria e um solo relativamente húmido. As plantas de mostarda maduras transformam-se em arbustos. A mostarda cresce bem em regiões temperadas. Os principais produtores de sementes de mostarda são a Índia, o Paquistão, o Canadá, o Nepal, a Hungria, a Grã-Bretanha e os Estados Unidos. As sementes de mostarda castanha e preta dão mais rendimento do que as amarelas.

O principal processo de fabrico da mostarda é a quebra das sementes na presença de um líquido ao qual podem ser adicionados vários condimentos. A mostarda amarela é geralmente utilizada como mostarda preparada ou de mesa, como condimento e como mostarda seca. A mostarda seca é frequentemente utilizada como tempero em maionese, molhos para salada e molhos. As sementes de mostarda partidas e o óleo são utilizados para decapagem. *O isotiocianato de alilo e o isotiocianato de 4-hidroxibenzilo* são responsáveis pelo sabor picante da mostarda. A farinha de mostarda amarela é um excelente agente emulsionante e estabilizador, pelo que é utilizada na preparação de enchidos. As mostardas castanha e oriental são também utilizadas como culturas oleaginosas. No entanto, o sabor forte desta oleaginosa rica em proteínas tornou-a pouco popular nos mercados de alimentos para animais e de óleos vegetais da América do Norte. Consequentemente, a mostarda produzida na América do Norte é utilizada principalmente como especiaria ou condimento.

As sementes de mostarda podem ser armazenadas com segurança quando o teor de humidade é igual ou inferior a 9%. Deve-se ter cuidado para evitar rachar a semente, ao mover a cultura para dentro e para fora do armazém. A semente rachada acaba por se transformar em doca e constitui uma perda para o produtor. Ao secar, é essencial não exceder as temperaturas do ar de 150°F ou as temperaturas da semente de 120°F. Para a transferência e armazenamento da mostarda, é essencial que os contentores e as caixas dos camiões não apresentem fissuras ou buracos.

É a principal fonte de óleo comestível. É um alimento altamente energético e é justamente considerado como um ingrediente essencial da dieta humana. O consumo anual de cerca de 16 kg de óleo alimentar per capita na Índia (Mehta, 2015). Do ponto de vista nutricional, contém óleo comestível que varia entre 38 e 46%, 38 e 57% de ácido erúcico, 4,7 a 13% de ácido linolénico e 27% de ácido oleico, que são de elevado valor nutritivo necessário para o corpo humano. O óleo de mostarda é também muito utilizado para cozinhar, fritar e como matéria-prima para indústrias de base agrícola que se dedicam ao fabrico de sabões, vernizes, tintas, óleos capilares, medicamentos, lubrificantes, *etc.* (Patel, 2005). O bagaço residual é um subproduto valioso utilizado como alimento para animais e uma fonte rica de adubo orgânico.

A mostarda é a segunda cultura oleaginosa mais importante do mundo e da Índia, a seguir ao amendoim. Na Índia, foi cultivada numa área de 579. 91 lakh hectares, com uma produção de 62,824 mil toneladas e uma produtividade de 1,083 toneladas por hectare. É também uma importante cultura de sementes oleaginosas *rabi* de Gujarat, cultivada em cerca de 1,85 lakh hectare de área com uma produção total de cerca de 263 mil toneladas com uma produtividade de 1,421 toneladas/ha durante 2016-17 (Anon., 2017). Na Índia, o Rajastão é o maior produtor (47,0%) de colza e mostarda, seguido de Haryana (12,6%), Madhya Pradesh (11,0%), Uttar Pradesh (10,3%), Bengala Ocidental (5,8%) e Gujarat (4,5%). Em Gujarat, é maioritariamente cultivada nos distritos de Banaskantha, Mehsana, Sabarkantha, Kheda, Ahmedabad, Kutch e Gandhinagar.

As principais limitações que afectam o rendimento da mostarda são as pragas de insectos que causam danos em diferentes fases, desde as plântulas até à fase de maturidade da cultura. De acordo com Bakhetia e Sekhon (1989), sabe-se que, na Índia, trinta e oito insectos pragas estão associados a diferentes fases da cultura da mostarda e da colza. Os insectos importantes que atacam a mostarda são enumerados a seguir.

(A) Pragas-chave		
1. Pulgão	:	*Lipaphis erysimi*(Kaltenbach)
(B) Principais pragas		
1. Mosca-serra da mostarda	:	*Athalialugens proxima* (Klug)
2. Inseto pintado	:	*Bagrada hilaris* (Burmeister)
3. Minador de folhas de ervilha	:	*Chromatomyia horticola* (Goureau)
4. Lagarta peluda de Bihar	:	*Spilarctia obliqua* (Walker)
(C) Pragas menores		
1. Mosca da couve-manteiga	:	*Pieris brassicae* (Linnaeus)
2. Besouro das pulgas	:	*Phyllotreta cruciferae* (Goeze)
3. Pulgão verde	:	*Myzus persicae* (Sulzer)

4.	Traça das costas de diamante	:	*Plutell axylostella* (Linnaeus)
5.	Mineiro de folhas	:	*Phytomyza horticola* (Goureau)
(D) Novas pragas			
1.	Folha Webber	:	*Crocidolomia binotalis* (Zeller)
2.	Broca da couve	:	*Hellula undalis* (Fabricius)
3.	Pulgão das couves	:	*Brevicoryne brassicae* (Linnaeus)
4.	Mosca branca	:	*Bemisia tabaci* (Gennadius)
5.	Semilouco de couve	:	*Plusia orichalcea* (Fabricius)
6.	Traça do nabo	:	*Agrotis segetum* (Dennis e Schiff)

O afídeo é o principal inseto praga da mostarda no estado de Gujarat (Keot *et al.*, 2002). As ninfas e os adultos do afídeo sugam a seiva celular da inflorescência, do ramo terminal, da síliqua (vagem), das folhas e dos ramos. Em caso de infestação grave, a planta fica com má formação de vagens, as folhas ficam enroladas, murcham e as plantas ficam completamente secas. Por outro lado, o pulgão segrega melada, o que facilita o crescimento de bolor negro que faz com que as folhas pareçam sujas e pretas (Awasti, 2002). *L.erysimi* causou uma perda de rendimento de 20-50%, em condições extremas, uma perda de rendimento de cerca de 78-80% e uma perda de óleo de 11% (Dhaliwal *et al.*, 2013).

Beauveria bassiana (Balsamo) Vuillemin é um biopesticida registado com uma vasta gama de hospedeiros de aproximadamente 700 espécies de insectos utilizados para a gestão de várias pragas de insectos das culturas. Pode ser desenvolvida em laboratório para utilização como agente micoinseticida. Parameswaran e Sankaran (1977) registaram pela primeira vez a ocorrência natural deste fungo na Índia. Rao (1975) relatou a eficácia de *B. bassiana* em mais de 150 espécies de insectos. Da mesma forma, Dutky (1959) afirmou que, com a sua vasta gama indefinida de hospedeiros, *B. bassiana* era referido como "Magnificent pathogen" (agente patogénico magnífico).

As pragas-alvo devem entrar em contacto com os esporos do fungo após aplicação direta, movimento na superfície tratada ou contacto corporal com outras pragas-alvo já expostas (Wright e Kennedy, 1996). Considera-se geralmente que a infeção por este fungo ocorre em resultado da penetração direta no tegumento por hifas em crescimento (Ferron, 1978) e parece ser facilitada pela atividade mecânica e enzimática, que mata a praga.

Foram realizadas experiências de compatibilidade de *B. bassiana* para detetar efeitos secundários de insecticidas e fungicidas sobre fungos entomopatogénicos (Neves *et al.*, 2001). Estudos *in vitro* indicaram que a inibição de *B. bassiana* por muitos pesticidas (Olmert e Kenneth, 1974). Todorova *et al.* (1998) reforçaram a importância da influência dos pesticidas na germinação conidial, crescimento vegetativo e esporulação do fungo e alguns são compatíveis com o fungo. Para alguns produtos, os tratamentos combinados apresentaram uma resposta de mortalidade por dose mais elevada do que os tratamentos isolados de conídios de fungos (Purwar e Sachan, 2006).

Tendo em conta a importância dos biopesticidas como agente de controlo ecológico, a gravidade da *L. erysimi* e os perigos dos pesticidas químicos, é extremamente necessário avaliar a bioeficácia desses biopesticidas contra esta praga económica no ecossistema da mostarda. Por conseguinte, durante o presente estudo, foram feitos esforços para testar os biopesticidas e os insecticidas químicos em condições de campo e de laboratório, com os seguintes objectivos

OBJECTIVOS

1. Compatibilidade de *B. bassiana* com diferentes insecticidas e fungicidas.
2. Bioeficácia de *B. bassiana* e de diferentes insecticidas contra *L. erysimi* em condições laboratoriais.
3. Avaliação de biopesticidas e esquemas de pulverização inseticida contra *L. erysimi*.

O pulgão da mostarda, *Lipaphis erysimi* (Kaltenbach), é uma praga grave desta cultura na Índia e noutras regiões tropicais do mundo. As informações relativas à avaliação de *B. bassiana* contra o pulgão da mostarda, *L. erysimi,* são escassas, embora se tenha tentado rever a literatura disponível, que tem uma relação direta ou indireta com as presentes investigações sobre a compatibilidade de B. *bassiana* com diferentes insecticidas e fungicidas, a bioeficácia de B. *bassiana* e de diferentes insecticidas contra *L. erysimi* em condições laboratoriais, a avaliação de biopesticidas e de calendários de pulverização de insecticidas contra *L. erysimi,* apresentados sob os seguintes títulos

2.1Compatibilidade de *B. bassiana* com diferentes insecticidas e fungicidas
2.2Bioeficácia de *B. bassiana* e de diferentes insecticidas contra *L. erysimi* em condições laboratoriais
2.3Avaliação de biopesticidas e esquemas de pulverização inseticida contra *L. erysimi*
Compatibilidade de *B. bassiana* com insecticidas e fungicidas

Tedders (1981) constatou que o hidróxido de fentina foi o fungicida mais tóxico para *B. bassiana*, seguido por benomyl, zineb e dodine. O enxofre e o dinocape foram considerados os menos tóxicos.

Loria e Galaini (1983) registaram que os fungicidas mancozebe, clorotalonil e metalaxil não prejudicaram a sobrevivência dos esporos em nenhuma das condições.

Aguda *et al.* (1988) estudaram os efeitos dos fungicidas benomyl, edifenphos e do inseticida carbaril (15 0,1, 1, 10, 100 e 1000 ppm) sobre o fungo entomógeno *B. bassiana*. Verificaram que todas as concentrações do pesticida inibiram a germinação de conídios.

Wenfeng e Yuch (1995) observaram que o bupirimate teve o menor efeito inibitório sobre *B. bassiana*. Zineb, propineb, matalaxyl + mancozeb e imazalil foram fungicidas, enquanto iprodione, metalaxyl + oxicloreto de cobre e tiofanato metílico + estreptomicina foram fungistáticos.

Batista *et al.* (2001) concluíram que os insecticidas thiamethoxam 250 WG, carbosulfan 200 SC, imidacloprid 700 GrDA, acephate 750 BR e fipronil 800 WG não afectaram a produção de conídios, independentemente da concentração utilizada. O comportamento do fungo perante este grupo de insecticidas foi semelhante em termos de crescimento vegetativo.

Gupta *et al.* (2002) descobriram que quase todos os fungicidas eram inibitórios para *B. bassiana* mesmo na concentração de 100 ppm. O oxicloreto de cobre, clorotalonil, TMTD e mancozeb foram moderadamente tolerados na concentração mais baixa. Este fungo foi considerado resistente à azadiractina e moderadamente resistente ao clorpirifos e ao monocrotofos, que não apresentaram mais de 50% de inibição do crescimento a 1000 ppm.

Kouassi *et al.* (2003) testaram três fungicidas diferentes, metalaxil, mancozeb e óxido de cobre, com *B. bassiana* (isolado MK2001) e descobriram que todos eles têm efeito inibitório sobre o crescimento de *B. bassiana.*

De-oliveira *et al.* (2003) verificaram que o inseticida tiametoxam não causou inibição do crescimento radial de *B. bassiana* nas duas concentrações mais baixas (FR = recomendação média de campo; 0,5 x FR e 2 x FR) e causou o menor nível de inibição em relação à produção de conídios.

Alizade *et al.* (2007) estudaram a compatibilidade de *B. bassiana* com imidacloprid, flufenoxuron, endosulfan e amitraz e o seu efeito na germinação conidial, crescimento vegetativo e esporulação do fungo. Os resultados indicaram que o flufenoxuron não era compatível com *B. bassiana* e causava inibição completa ou forte do desenvolvimento. A formulação compatível com *B. bassiana* (isolado DEBI008) foi o imidaclopride.

Majchrowicz e Poprawaski (2008) concluíram que os fungicidas mancozeb, oxicloreto de cobre e metalaxil inibiam completamente a germinação de *B. bassiana.*

Ambethgar *et al.* (2009) observaram que todos os insecticidas químicos e botânicos inibiram o crescimento micelial de *B. bassiana,* parcial ou completamente, dependendo das suas concentrações. Os insecticidas químicos inibiram completamente o crescimento micelial de *B. bassiana,* enquanto as formulações de nim inibiram 70-86% da produção de biomassa do fungo e registaram ainda que apenas o extrato de semente de nim, o clorpirifos e o dimetoato exibiram 32,6%, 27,3% e 22,6% de inibição micelial, respetivamente, e que estes poderiam ser utilizados com *B. bassiana* em condições de campo.

Dhar e Kaur (2009) testaram a compatibilidade de *B.bassiana* com o inseticida neonicotinóide, acetamipride, em três concentrações - 1X (recomendado no campo), 0,1X e 10X. O resultado mostrou que não houve diferença significativa no crescimento em comparação com o controlo para todos os isolados e a maioria das estirpes de fungos mostrou um ligeiro aumento do crescimento radial nas concentrações de 0,1X e 1X.

Pandey e Kanaujia (2009) estudaram o efeito de oito concentrações diferentes, ou seja, 5000, 2500, 1000, 500, 300, 200, 150 e 100 ppm de propiconazol na esporulação e germinação de *B. bassiana.* Verificou-se que todos os fungicidas testados reduziram completamente o crescimento, a esporulação e a germinação em comparação com o controlo.

Amutha *et al.* (2010) relataram que, entre os insecticidas testados quanto à sua compatibilidade, apenas o clorpirifos 20 CE foi classificado como relativamente menos tóxico para a *B. bassiana,* enquanto o espinosade (45 SC), o econeem (1%), o quinalfos (25 CE), o acetamipride (20 SP), o endossulfão (35 CE) e o tiodicarbe (75 WP) foram ligeiramente tóxicos. O imidaclopride (17,80 SL) e o triazofos (40 CE) foram moderadamente tóxicos e o profenofos (50 CE) e o indoxacarbe (14,5% CE) foram altamente tóxicos.

Gnanaprakasam (2011) testou o efeito fungitóxico do endosulfan, clorpirifos, dimetoato e quinalfos com *B. bassiana* e concluiu que todas as concentrações testadas de insecticidas inibiram a germinação (9.0-81,19% e 19,3-100%), o crescimento vegetativo (0,5-62,9% e 37,1-100%) e a esporulação (7,0-99% e 99-100%) de *B. bassiana*, respetivamente, mas o dimetoato apresentou um efeito inibidor mínimo.

Khan *et al.* (2012) realizaram testes de compatibilidade de *B. bassiana* com acetamipride (0,004%), tiometoxame (0,005%) e imidaclopride (0,005%). Verificaram que estes insecticidas inibem ligeiramente o crescimento vegetativo e a germinação de esporos do fungo com 25%, 30% e 40%, respetivamente.

Martin *et al.* (2012) relataram que, entre os fungicidas testados quanto à sua compatibilidade, o hidróxido de cobre e o oxicloreto de cobre foram considerados menos tóxicos, reduzindo o crescimento do fungo, a esporulação e a germinação conidial de *B. bassiana* em uma média de 29%, 30% e 58%, respetivamente.

Rashid *et al.* (2012) mostraram que pyriproxyfen @ 1500 ppm e hexaflumuron @ 80 ppm inibiram completamente o crescimento micelial de *B. bassiana*, enquanto o efeito inibitório de fipronil @ 1600 ppm permaneceu alto (76,6%) em concentrações mais baixas.

Gowrish *et al.* (2013) observaram a menor inibição de *B. bassiana,* quando foi tratada com 0,0018% de concentração de spinosad 45 SC aos 14 dias após a inoculação, enquanto que a maior inibição (47,76%) foi observada, quando as amostras foram tratadas com 0,0054% de concentração de spinosad.

Babu (2014) concluiu que *a B. bassiana* era compatível com o imidaclopride e o fungicida enxofre, enquanto o clorpirifos era altamente prejudicial para todos os isolados, mesmo a baixa concentração.

Challa (2014) relatou que quinalphos, monocrotophos e cypermethrin não mostraram nenhum efeito de inibição significativo na germinação de conídios de *B. bassiana.*

Murlimohan e Sanivada (2014) concluíram que o mancozebe apresentou um efeito de inibição significativo sobre a germinação de *B. bassiana.* O oxicloreto de cobre promoveu o crescimento micelial em muitos isolados, enquanto o mancozebe inibiu o crescimento micelial de todos os isolados testados no presente estudo.

Olivera (2014) mostrou que as formulações inseticidas de alfa-cipermetrina, tiametoxam e ciflutrina causaram o menor nível de inibição na germinação de conídios nas duas menores concentrações, sem diferença em relação à testemunha. No que respeita à análise do crescimento vegetativo, o tiametoxame nas duas concentrações mais baixas não causou inibição do crescimento radial e o menor nível de inibição no que respeita à produção de conídios.

Singh *et al.* (2014) estudaram a compatibilidade de *B. bassiana* com imidaclopride, endosulfan, acetamipride, Neemarin e profenofos e o efeito destes pesticidas na esporulação e produção de biomassa do fungo. Os resultados mostraram que o acetamipride e o profenofos requerem mais investigação.

Usha *et al.* (2014) relataram que, entre os pesticidas testados para a compatibilidade de *B. bassiana*, o clorpirifos provou ser altamente prejudicial para todos os isolados em concentrações de 1x e 0,5x, enquanto outros pesticidas, monocrotofos e quinalfos, foram categorizados como altamente tóxicos ou moderadamente tóxicos para todos os isolados em diferentes concentrações. Mas, inversamente, a estirpe B55demonstrou a sua compatibilidade com todos os pesticidas, exceto com o clorpirifos, onde apresentou uma toxicidade moderada.

Faraji *et al.* (2016) verificaram que o carbossulfano a uma concentração superior, média e inferior causou uma inibição completa ou forte do desenvolvimento fúngico, enquanto a concentração média deste inseticida foi compatível com *B. bassiana*.

Alizadeh *et al.* (2017) testaram três concentrações diferentes (concentração média-MC, metade da MC e duas vezes a MC) de imidaclopride 17,8 SL 0,005% com *B. bassiana* (isolado DEBI008) e descobriram que era compatível com *B. bassiana*.

Dara (2017) constatou que o enxofre e o captan causaram uma redução significativa no crescimento de *B. bassiana*.

2.2 Bioeficácia de *B. bassiana* e de diferentes insecticidas contra *L. erysimi* em condições laboratoriais

Sukhova (1987) conduziu uma avaliação laboratorial da eficácia de *V. lecanii* e *B. bassiana* e relatou que ambos controlavam 98% dos afídeos, *M. persicae*.

Miranpuri e Khachatourians (1993) determinaram o impacto de *B. bassiana* em plantas de canola infestadas por *M. persicae*. Três isolados de *B. bassiana*vizinhos derivados de homópteros, SG 8601, DN 8801 e DN 8804 foram pulverizados duas vezes a 10^8 esporos por mililitro. Seis dias após a aplicação de 1st esporo, verificou-se uma mortalidade de 72 a 86% de pulgões, em comparação com 5% no controlo.

Ekesi *et al.* (2000) testaram a patogenicidade de quatro isolados de fungos, *B. bassiana* a adultos ápteros de *A. craccivora* em laboratório. O isolado *B. bassiana* CPD 11 causou uma mortalidade significativamente mais elevada do que os outros isolados testados em várias concentrações, causando uma mortalidade entre 58 e 91% aos 7 dias após o tratamento.

Zhang *et al.* (2001) relataram que os isolados de *B. bassiana,* Bb 02, Bb 03 e Bb 07, tinham uma patogenicidade bastante forte contra a espécie de pulgão do pêssego, *M.* persicae. As dosagens óptimas foram 10^6 conídios por mililitro para Bb 02, 10^7 conídios por mililitro para Bb 03 e 10^7 a 10^8 conídios por mililitro para Bb 07.

Ye *et al.* (2005) conduziram a eficácia laboratorial de concentrações baixas, médias e altas do agente de biocontrolo fúngico, *B. bassiana*, isoladamente ou suplementado com uma taxa sub-letal crescente de imidaclopride, no pulgão do crisântemo *Macrosiphoniella sanborni* (0,01-0,05 a.i. µg mL) e no pulgão verde do pêssego *Myzus persicae* (0,05-0,5 a.i. µg mL). Registaram que a formulação combinada ou a aplicação de *B. bassiana* e imidaclopride 17,8 SL 0,005% gerem eficazmente o pulgão em laboratório.

Khalequzzaman e Nahar (2008) testaram o imidaclopride e a azadiractina contra quatro espécies importantes de afídeos que infestam as culturas, *Aphis craccivora* (Koch), *Aphis gossypii* (Glover), *Myzus persicae* (Sulzer) e *Lipaphis erysimi* (Kaltenbach), criados em plantas de feijão, brinjal, batata e couve-flor, respetivamente. A azadiractina mostrou uma toxicidade moderada, enquanto o imidaclopride provou ser o mais tóxico com LC_{50} de 0,41 µg cm^{-2} para *A.craccivora*, 0,34 µg cm-^{2} para *A. gossypii* e 0,44 µg cm-^{2} para *M. persicae* e *L. erysimi*.

Parmar e Kapadia (2008) efectuaram uma análise laboratorial da eficácia de *V. lecanii* e *B. bassiana* isoladamente e em combinação com doses reduzidas de dois insecticidas contra o terceiro estádio ninfal de *L. erysimi* e concluíram que os insecticidas imidaclopride 0,005% e acefato 0,05% com *B. bassiana* provocaram uma mortalidade de 53,7% de *L. erysimi*.

Karthikeyan e Selvanarayanan (2011) testaram diferentes concentrações *viz.,* 0,15, 0,20 e 0,25% de formulação líquida de *B. bassiana* e relataram que 0,25% registou a maior mortalidade de *Aphis gossypii* (100,00%).

Malekan *et al.* (2012) relataram que a patogenicidade de *B. bassiana* (10^6 conidia/ml) nos estágios ninfais 3rd e 4th de *L. erysimi* foi maior do que nos estágios 1st e 2 .[nd]

Ujjan e Shahzad (2012) mostraram que as quatro *estirpes viz., L. lecanii* (PDRL922), *P. lilacinus* (PDRL812), *B. bassiana* (PDRL1187) e *M. anisopliae* (PDRL526) foram consideradas eficazes contra o pulgão da mostarda em laboratório, bem como em casa de vegetação. Os resultados mostraram que as estirpes PDRL922, PDRL812 e PDRL1187 reduziram a sua eficácia de 98 a 83%, 100 a 73% e 88 a 77%, respetivamente. No entanto, a estirpe PDRL526 mostrou a sua eficácia de 72 a 83%.

Kumar e Kumar (2016) revelaram que os tratamentos de dimetoato 30 CE foram considerados mais eficazes para o controlo de *L. erysimi*. Considerando que a ordem descendente dos tratamentos foi Óleo de Neem > NSKE > Extrato de folha de tabaco >Bacillus thuringiensis>B. bassiana>Metarhizium *anisopliae*. O tratamento menos eficaz foi *Verticillium lecanii*.

2.3 Avaliação de diferentes biopesticidas e esquemas de pulverização de insecticidas contra *L. erysimi*

Karadzhov (1974) relatou que *B. bassiana* com carbaril, tetraclorvinfos ou parationa metílica causou até 95% de mortalidade da traça da maçã, em comparação com 13% para o fungo sozinho.

Easwaramoorthy e Jayaraj (1977) avaliaram vários insecticidas e *V. lecanii* em condições de campo para o controlo de *M. persicae* na malagueta e referiram que a aplicação de acefato a 0,225% proporcionou o melhor controlo de *M. persicae*.

Harper e Huang (1987) referiram que *V. lecanii* isolado do solo tinha reduzido significativamente as populações do pulgão verde do pessegueiro, *M. persicae*. A patogenicidade deste fungo foi maior quando a humidade era elevada.

Chandler (1992) desenvolveu um bioensaio para a patogenicidade dos conidiósporos de *V. lecanii* contra o pulgão da raiz da alface, *Pemphigus bursarius*, e demonstrou que dois isolados de *V. lecanii* eram semanticamente patogénicos contra o pulgão *P. bursarius*.

Butt *et al.* (1994) relataram que várias cepas de *M. anisopliae* e *B. bassiana* causaram 100% de mortalidade em *L. erysimi* e *Myzus persicae* após 4 dias.

Prasad (1994) relatou que as formulações de pulverização de nim foram eficazes contra *L. erysimi* em *B. campestris* durante apenas 3 dias após a aplicação, e foram inferiores ao nível de controlo dado pelo metil-o-demetão.

Basavaraju *et al.* (1995) verificaram que uma pulverização de oxidemetão-metilo a 0,04% ou de acefato a 0,10% podia ser eficaz contra o afídeo da mostarda indiana.

De acordo com Kumar *et al.* (1996), o clorpirifos 0,05%, o metil-o-demetão 0,05% e o monocrotofos 0,04% revelaram-se os mais eficazes contra o afídeo *L. erysimi* na mostarda.

Sontakke e Dash (1996) realizaram uma experiência de campo sobre a formulação de nim contra o pulgão da mostarda, uma vez que o nimbicida e a azadiractina deram um nível comparativamente melhor de controlo desta praga e um maior rendimento de sementes de mostarda.

Chinnabbai *et al.* (1999) estudaram a eficácia de insecticidas contra o pulgão da mostarda em laboratório e observaram que a maior mortalidade foi registada com acetamipride 0,02% (87,95%), seguido de Polytrin-c 0,06% (71,25%) e imidaclopride 0,017% (66,25%) após 24 horas de tratamento. Foi registada uma mortalidade de um por cento com acetamipride após 36 horas de tratamento.

Vekaria e Patel (2000) referiram que os tratamentos com dimetoato 0,03% + sulfato de nicotina 0,05% e metil-o-demetão 0,025% + neemol 0,5% mantiveram a população de afídeos abaixo do limiar económico durante a fase de desenvolvimento da vagem da mostarda.

Kumar *et al.* (2001) estudaram a eficácia da formulação de imidaclopride como tratamento de sementes (Gaucho 70 WS, 5 e 10 g a.i./kg de semente) e pulverização foliar (Confidor 200 SL, 20 e 40 g a.i./ha; na fase de formação de 50% das vagens) contra *L. erysimi* em mostarda de colza. Os resultados mostraram que a mortalidade de 92,2% e 87,01% do pulgão foi registada a 50% da formação da vagem, respetivamente.

Gami *et al.* (2002) relataram que metil-o-demetão 0,025%, carbosulfan 0,04%, parationa metílica 2% em pó a 25 kg por hectare e monocrotofos 0,04% foram altamente eficazes contra o pulgão da mostarda, *L. erysimi*. Duas pulverizações de metil-o-demetão 0,025% deram um rendimento máximo de sementes (1575 kg/ha).

Muhammad *et al.* (2002) encontraram a maior supressão (76,25%) da população de pulgões, quando o confidor 200 SL (imidacloprid 0,003%) foi aplicado, e a menor (60,22%) no Lorsban.

Rana e Singh (2002) avaliaram a viabilidade do controlo de *L. erysimi* utilizando *V. lecanii*. Foram pulverizadas suspensões de conídios a 10^6 esporos por mililitro em plantas de mostarda infestadas ao nível do limiar económico de 13 a 15 afídeos por planta. Registou-se uma redução significativa da infestação de afídeos 10 dias após a pulverização.

Safavi *et al.* (2002) estudaram a patogenicidade e a virulência do fungo entomógeno *V. lecanii* no pulgão da ervilha, *A. pisum*. O fungo aumentou significativamente a mortalidade do pulgão devido à micose, de 45,55% a 10^4 conídios por mililitro para 95,55% a 10^8 conídios por mililitro. O valor LC_{50} para o agente patogénico foi de $5,14 \times 10^4$ conídios por mililitro. Os valores de LT_{50} para 10^5, 10^6, 10^7 e 10^8 conídios por mililitro foram de 10, 8, 6,5 e 5 dias, respetivamente. Os valores líquidos de reprodução diminuíram significativamente com o aumento da concentração de conídios.

Gour e Pareek (2003) verificaram que o imidaclopride 0,005% era o mais eficaz no controlo do afídeo, seguido do dimetoato 0,03%, do acefato 0,05% e da cipermetrina 0,002%. Verificaram ainda que o maior rendimento de sementes de mostarda foi obtido com o imidaclopride, seguido do dimetoato e do acefato.

Quanto à eficácia e à economia dos insecticidas, profenofos + cipermetrina 0,04% ou acefato 0,05% ou imidaclopride 0,005% ou metil-o-demetão 0,03% ou carbosulfan 0,03% foram recomendados para o controlo do pulgão da mostarda, *L. erysimi* e deram NICBR mais elevados de 1: 8,65, 1: 7,92, 1: 6,68, 1: 4,92 e 1: 4,17, respetivamente (Anon., 2004).

Meena e Lal (2004) indicaram que, após sete dias da pulverização inicial, o imidaclopride 17,8 SL 0,01% reduziu a população do pulgão da mostarda, *L. erysimi, em* 91,99% e 91,88% de mortalidade em 1998-99 e em 92,60 e 92,24% de mortalidade em 1999-2000, respetivamente.

Rohilla e Kumar (2004) observaram que o imidaclopride 0,0178%, o tiametoxame 50 g a.i. por hectare, o metil-oxidemetão 0,025% e o monocrotofos 0,036% foram os mais eficazes contra o afídeo da mostarda.

De acordo com Jat e Singh (2005), o dimetoato 0,03% revelou-se mais eficaz contra o pulgão da mostarda, *L. erysimi*, seguido do imidaclopride 0,005% e do acefato 0,05%. O endosulfan 0,07%, o tiametoxame 0,005%, o profenofos + cipermetrina 0,04% e o profenofos 0,05% foram classificados a meio na ordem da sua eficácia, enquanto que as formulações à base de neem, *viz.*, NSKE 0,5% e Margocide 5 ml/litro, se revelaram menos eficazes na redução da população de afídeos.

Patel (2006) concluiu que o tiametoxame 0,005% (0,76 índice de pulgões/planta) foi considerado o tratamento mais eficaz, a par do imidaclopride 0,005% (0,83 índice de pulgões/planta) e do acetamipride 0,004% (0,92 índice de pulgões/planta).

Sachan *et al.* (2006) relataram que a pulverização foliar de tiametoxame 0,003% ou imidaclopride 0,004% ou metil-o-demetão 0,05% a 75% da floração da mostarda provou ser a mais eficaz contra *L. erysimi*.

Kumar *et al.* (2007a) avaliaram alguns insecticidas contra *L. erysimi* na mostarda. Entre os diferentes insecticidas testados, Spark (deltametrina 1 + triazofos 35 EC 0,036% registou a população mais baixa de pulgões (5,60/3 folhas), seguido de profenofos 0,075% (6.56/3 folhas), fenobucarb 0.1% (7.12/3 folhas), imidacloprid 0.005% (7.18/3 folhas), acetamiprid 0.004% (7.23/3 folhas), carbosulfan 0.05% (8.18/3 folhas) e thiamethoxam 0.005% (9.82/3 folhas).

Kumar *et al.* (2007b) revelaram que o oxydemeton-methyl 25 EC 0.025% (88.0 e 96.7% de redução de pulgões) provou ser o mais eficaz contra o pulgão da mostarda após 1 e 3 dias, respetivamente. No entanto, ao sétimo dia, o imidaclopride 17,8 SL 0,0178% (99,6%) foi o mais eficaz, seguido do monocrotofos 0,036%, dimetoato 0,03%, clorpirifos 0,05%, malatião 0,05%, dinotefurano 0,005% e cipermetrina 0,01%.

Parmar e Kapadia (2007) revelaram que as folhas de mostarda tratadas com *V. lecanii* @ 4,0 g/lit causaram mortalidade em *L. erysimi* até 10 dias após a sua aplicação e foram consideradas mais eficazes com 17,00, 24,00, 44,33, 56,33 e 58,67 % de mortalidade ninfal, respetivamente.

Haidar e Ansari (2008) revelaram que o imidaclopride 17,8% SL a 0,05% foi considerado um inseticida superior para o controlo da espécie de afídeo *L. erysimi* e registou um índice de afídeos/planta de 1,00.

Singh e Verma (2008) afirmaram que o acetamipride 0,04%, o dimetoato 0,03% e o imidaclopride 0,05% provocaram uma mortalidade de 91,73, 88,73 e 86,02% da espécie de pulgão da mostarda, *L. erysimi,* após 7 dias de pulverização.

Araujo *et al.* (2009) relataram que *B. bassiana* @ 10^7 spore ml-1 causou 90% de mortalidade do pulgão da mostarda, *L. erysimi* após 4,4 dias, enquanto o isolado PDRL1187 de *B. bassiana* @ 10^7 spore ml-1 usado durante os presentes estudos produziu 88% de mortalidade em 3 dias.

Mandal *et al.* (2012) revelaram que o imidaclopride 17,8% SL @ 27 g a.i/ha foi considerado o mais eficaz no controlo do pulgão da mostarda, *L. erysimi* e registou o maior rendimento (16,75 q/ha). A relação custo-benefício incremental indicou que o maior retorno foi obtido com o imidaclopride 1: 16:12 relação custo: benefício em comparação com outros produtos químicos.

Rana (2016) concluiu que *V. lecanii foi* patogénico para o pulgão da mostarda e verificou que o índice de infestação de pulgões por planta 1,2 (numa escala de 5 pontos) foi reduzido para 0,3 e 0,1, respetivamente, após uma semana e 10 dias de pulverização com 10^8 suspensão de esporos de *V. lecanii*.

Roy e Debnath (2016) descobriram que 7 dias após a pulverização 1st , a maior mortalidade de pulgões foi registada no caso do flonicamid 50 WG 0,02% (90,5%) seguido pelo imidacloprid 17. 8 SL 0,005% (90,2%) No geral, o flonicamid 50 WG 0,02% provou ser uma molécula ecológica contra o pulgão da mostarda, juntamente com o maior rendimento médio de sementes (16,2 q / ha) e 1: 13,68 relação custo: benefício em comparação com outros produtos químicos.

A presente investigação sobre a avaliação de *Beauveria bassiana* (Balsamo) Vuillemin contra o pulgão da mostarda, *Lipaphis erysimi* (Kaltenbach). A experiência foi realizada na Quinta Agronómica, bem como no Laboratório de Investigação de Biocontrolo, Departamento de Entomologia, Universidade Agrícola de Junagadh, Junagadh, durante o *rabi de* 2016-17. Foram utilizados os seguintes materiais e a metodologia adoptada para a presente investigação em várias abordagens é a seguinte

3.   1Técnica de rolamento

A cultura inicial de *L. erysimi* foi desenvolvida através da recolha de adultos de culturas de mostarda não pulverizadas cultivadas na Instructional Farm, College of Agriculture, Junagadh Agricultural University, e Junagadh durante a estação *rabi* do ano 2016-17. Os adultos foram colocados em placas de Petri de vidro, com 4,5 cm de diâmetro. Após 12 horas, os adultos foram retirados das placas de Petri e as 30 ninfas neonatas produzidas pelo pulgão-mãe foram transferidas para placas de Petri separadas com a ajuda de uma escova de pelo de camelo. As folhas frescas de mostarda, com o talo da folha envolvido em algodão húmido, foram fornecidas diariamente como alimento. O alimento foi mudado diariamente de manhã durante todo o período de estudo. Os instares ninfais foram determinados a partir das exúvias lançadas nas placas de Petri.

3.1.1   Informações sobre a formulação testada *de B. bassiana*

Para o presente estudo, foi utilizada a formulação em pó dispersível molhável de *B. bassiana* fornecida pelo Biocontrol Research Laboratory, Junagadh Agricultural University, Junagadh. O seu nome comercial é "SAWAJ BEAUVERIA". A cepa local mínima de *B. bassiana* com esporos mínimos de 2 x 10^8 cfu/g foi usada em todos os estudos.

3.2Compatibilidade de *B. bassiana* com diferentes insecticidas e fungicidas
3.2.1Compatibilidade   de *B. bassiana* com diferentes insecticidas

3.2.1   Pormenores da experiência

1.	Localização	:	Laboratório de Investigação em Biocontrolo, Departamento de Agril. Entomology, College of Agriculture, JAU, Junagadh
2.	Ano	:	2016-2017
3.	Conceção	:	CRD
4.	Replicação	:	3
5.	Tratamentos	:	10

3.2.1.2 Pormenores do tratamento
*Recomendado **Concentração

N.º Sr.	Tratamentos	**Conc.	Doses (g ou ml/litro)		
			Inferior	*Recom.	Mais alto
1.	Flonicamida 50 WP	0.020%	0.007	0.30	0.45
2.	Acetamapride 20 SP	0.008%	0.003	0.30	0.45
3.	Imidaclopride 17,8 SL	0.005%	0.003	0.30	0.45
4.	Dimetoato 30 CE	0.030%	0.020	1.00	1.50
5.	Carbossulfão 25 CE	0.025%	0.025	2.00	3.00
6.	Azadiractina 0,15 CE	0.150%	0.0003	5.00	7.50
7.	Tiametoxame 25 WG	0.006%	0.005	0.40	0.60
8.	Dinotefurão 20 SG	0.010%	0.005	0.50	0.75
9.	Diafentiurão 50 WP	0.050%	0.025	1.00	1.50
10.	Espiromesifena 48 CE	0.060%	0.007	1.00	1.50
11.	Controlo	-	-		

3.2.1.3 Aplicação dos tratamentos

Os insecticidas seleccionados para o estudo de compatibilidade estavam entre os habitualmente utilizados para a gestão de pragas. Foi avaliado o efeito destes insecticidas na inibição do crescimento de *B. bassiana*. A dose dos insecticidas foi calculada com base na taxa de aplicação mais baixa, recomendada e mais elevada para o campo. Dez insecticidas foram avaliados através da técnica do alimento envenenado descrita por Dhingra e Sinclair (1986) em meio Potato Dextrose Agar (PDA). Vinte mililitros de meio PDA foram esterilizados em tubos de ebulição individuais e as emulsões de insecticida da concentração requerida (inferior, recomendada e superior) foram incorporadas no PDA estéril derretido de forma asséptica, bem misturadas, colocadas em placas de Petri estéreis de 9 cm de diâmetro e deixadas solidificar em câmara de fluxo laminar. Um disco de ágar, juntamente com o tapete de micélio de *B. bassiana,* foi retirado da periferia de uma colónia de *B. bassiana com* 10 dias de idade com uma broca de cortiça de 10 mm de diâmetro e transferido para o centro da placa de PDA. O meio de crescimento (PDA) sem insecticidas mas inoculado com disco micelial serviu como controlo sem tratamento.

3.2.1.4 Observações registadas

O crescimento radial do fungo entomógeno foi registado quando o crescimento total foi obtido com o controlo (10.º dia de inoculação). A percentagem de inibição do crescimento radial em relação ao controlo foi calculada de acordo com a seguinte equação dada por Bliss (1934) e a análise estatística foi feita após transformação angular.

$$I = \frac{C - T}{T} \times 100$$

Onde,

     I = percentagem de inibição

     C = diâmetro da colónia da placa de controlo

     T = diâmetro da colónia da placa tratada

A percentagem de inibição do crescimento do fungo obtida em cada tratamento foi posteriormente classificada em diferentes categorias com base no esquema de classificação de Hassan (Hassan, 1989).

Notas	Toxicidade
1	Inócuo (<50% de redução da capacidade benéfica)
2	Ligeiramente nocivo (50-79%)
3	Moderadamente nocivo (80-90%)
4	Nocivo (>90%)

Os dados obtidos com base nos índices acima referidos em cada tratamento foram submetidos a uma transformação de arcsine e analisados estatisticamente.

Quadro 1: Insecticidas utilizados para o estudo de compatibilidade de *B. bassiana*

N.º Sr.	Nome técnico	Formulação	Concentração	Dose/15 litros	Nome comercial
1.	Flonicamida	50 GT	0.020%	6.0 g	Ulala
2.	Acetamipride	20 SP	0.008%	6.0g	Orgulho
3.	Imidaclopride	17.8 SL	0.005%	4,2 ml	Confidente
4.	Dimetoato	30 CE	0.030%	15,0 ml	Rogar
5.	Carbossulfão	25 CE	0.025%	15.0ml	Marechal
6.	Azadiractina	0,15 CE	0.150%	60,0 ml	Biozer
7.	Tiametoxame	25 GT	0.006%	3.6 g	Actara
8.	Dinotefurano	20 SG	0.010%	7.9 g	Oshin
9.	Diafentiurão	50 WP	0.050%	15.0 g	Pólo
10.	Espiromesifeno	240 SC	0.060%	18,7 ml	Oberon
11.	Controlo	-	-	-	-

* Foi utilizada neste estudo uma estirpe local de *B. bassiana* @ 2 $\times 10^6$ cfu/gm

3.2.2Compatibilidade de *B. bassiana* com diferentes fungicidas

3.2.2.1 Pormenores da experiência

1.	Localização	:	Laboratório de Investigação em Biocontrolo, Departamento de Agril. Entomology, College of Agriculture, JAU, Junagadh
2.	Ano	:	2016-2017
3.	Conceção	:	CRD
4.	Replicação	:	3
5.	Tratamentos	:	14

3.2.2. 2Detalhes do tratamento
*Recomendado **Concentração

N.º Sr.	Tratamentos	**Conc.	Doses (g ou ml/litro)		
			Inferior	*Recom.	Mais alto
1.	Enxofre 80 WP	0.100	1.25	2.50	3.75
2.	Oxicloreto de cobre 50 WP	0.100	2.00	4.00	6.00
3.	Dinocap 48 CE	0.024	0.50	1.00	1.50
4.	Ridomil-MZ (Metalaxil + Mancozebe) 72 WP	0.108	1.50	3.00	4.50
5.	Zineb 75 WP	0.100	1.33	2.66	4.00
6.	Fosetyl- AL 80 WP	0.080	1.00	2.00	3.00
7.	Clorotalonil 75 WP	0.100	1.34	2.67	4.01
8.	Mancozebe 70 WP	0.093	1.34	2.67	4.01
9.	Benomil 50 WP	0.025	0.50	1.00	1.50
10.	Hexaconazol 5 CE	0.003	0.50	1.00	1.50
11.	Carbendazime 50 WP	0.025	0.50	1.00	1.50
12.	Propiconazol 25 CE	0.013	0.50	1.00	1.50
13.	Tiofanato metílico 70 WP	0.035	0.50	1.00	1.50
14.	Controlo	-	-	-	-

3.2.2.3 Aplicação dos tratamentos

Aplicação de tratamentos seguidos de acordo com o ponto número 3.2.1.3

3.2.2.4 Observações registadas

Metodologia de registo das observações seguida de acordo com o ponto 3.2.1.4

Quadro 2:   **Fungicidas utilizados para o estudo de compatibilidade de *B. bassiana***

N.º Sr.	Fungicida	% disponível no mercado	Concentração (%)	Dose/15 litros	Nome comercial
1.	Enxofre	80% WP	0.200	37.5 g	Sulfex
2.	Oxicloreto de cobre	50% WP	0.200	60.0 g	Cobre azul
3.	Dinocap	48% CE	0.048	15,0 ml	Karatane
4.	Ridomil-MZ (Metalaxil+ Mancozebe)	72% WP	0.200	41.6 g	Ridomil-MZ
5.	Zineb	75% WP	0.200	39.9 g	Indofil Z-78
6.	Fosetyl-Al	80% WP	0.160	30.0g	Aliette
7.	Clorotalonil	75% WP	0.200	39.9 g	Kavach
8.	Mancozebe	70% WP	0.200	42.8 g	Ditano M-45
9.	Benomil	50% WP	0.050	15.0 g	Benlet
10.	Hexaconazol	5% CE	0.005	15,0 ml	Contaf
11.	Carbendazim	50% WP	0.050	15.0 g	Bavistina
12.	Propiconazol	25% CE	0.025	15,0 ml	Inclinação
13.	Tiofanato de metilo	70% WP	0.050	10.7 g	Roko
14.	Controlo	-	-	-	-

* Será utilizada neste estudo uma estirpe local de *B. bassiana* @ 2×10^6 cfu/gm

3.3 Bioeficácia de *B. bassiana* e de diferentes insecticidas contra *L. erysimi* em condições laboratoriais

3.3.1 Pormenores da experiência

1.	Localização	:	Laboratório de Investigação em Biocontrolo, Departamento de Entomologia Agrícola, Escola Superior de Agricultura, JAU, Junagadh
2.	Ano	:	2016-2017
3.	Conceção	:	CRD
4.	Replicação	:	3
5.	Tratamento	:	12

3.3. 2 Detalhes do tratamento

N.º Sr.	Tratamento	Dose/litro
T₁	*Beauveria bassiana* 1,15% WP	5.00 g
T₂	*Verticillium lecanii* 1,15% WP	5.00 g
T₃	Acetamipride 20 SP	0.2 g
T₄	Imidaclopride 17,8 SL	0,28 ml
T₅	Dimetoato 30 CE	1,00 ml
T₆	Carbossulfão 25 CE	2,00 ml
T₇	Azadiractina 0,15 CE	5,00 ml
T₈	Tiametoxame 25 WG	0.24 g
T₉	Dinotefurão 20 SG	0.53 g

T_{10}	Diafentiurão 50 WP	1.00 g
T_{11}	Espiromesifeno 240 SC	1,00 ml
T_{12}	Flonicamida 50 WP	0.4 g
T_{13}	Controlo	-

3.3.   3Metodologia

As folhas frescas de mostarda colhidas num campo de mostarda não pulverizado foram devidamente lavadas com água limpa e secas ao ar. As folhas de mostarda foram embrulhadas com uma compressa de algodão. A pulverização dos respectivos tratamentos foi aplicada topicamente com a ajuda de um pulverizador para bebés nas folhas de mostarda que continham as ninfas de segundo instar do afídeo. Foram testadas vinte e cinco ninfas de segundo instar de afídeo em cada tratamento. Apenas água foi mantida como controlo.

3.3.4Observações   registadas

Para o estudo, foram recolhidas folhas frescas de mostarda de um campo de mostarda não pulverizado, devidamente lavadas com água limpa e secas ao ar. A pulverização de cada tratamento foi aplicada nas folhas de mostarda separadamente com a ajuda de um atomizador. Tomou-se o cuidado de obter uma cobertura uniforme do tratamento. As folhas tratadas foram deixadas a secar ao abrigo de um ventilador de teto durante 5 minutos. As ninfas de *L. erysimi* com um dia de idade foram mantidas em placas de Petri. As folhas tratadas serviram-lhes de alimento. Foram mantidas vinte e cinco ninfas por tratamento em cada repetição. As ninfas receberam alimento fresco não tratado após 24 horas de alimentação com o alimento tratado.

A contagem da mortalidade foi registada 1, 3 e 7 dias após o tratamento. Os dados sobre a mortalidade ninfal foram convertidos em percentagem de mortalidade corrigida, como sugerido por Henderson e Tilton (1955).

$$\text{Percentagem de mortalidade corrigida} = 100 \left[1 - \frac{Ta \times Cb}{Tb \times Ca} \right]$$

Onde,

Tb = Número de afídeos contados antes do tratamento

Ta = Número de afídeos contados após o tratamento

Cb = Número de afídeos contados na parcela de controlo não tratada antes do tratamento

Ca = Número de afídeos contados na parcela de controlo não tratada após o tratamento

Os dados assim obtidos foram transformados em Arcsin e analisados estatisticamente. Os valores de zero e cento por cento foram removidos pelas fórmulas (Bartlett, 1947 e Gomez e Gomez, 1984)

$$\text{Para zero por cento} = \left[\frac{1}{4n} \right] \times 100$$

Para cêntimo por cêntimo = $\left[1 - \dfrac{1}{4n}\right] \times 100$

Onde,

n = Número de ninfas por tratamento

3.4 Avaliação de biopesticidas e de calendários de pulverização inseticida contra o pulgão da mostarda

Uma experiência de campo sobre os diferentes esquemas de pulverização biopesticida e inseticida contra *L. erysimi* na cultura da mostarda foi colocada em Design de Blocos Aleatórios (F e conduzida na Fazenda Instrucional, Faculdade de Agricultura, Universidade Agrícola de Junagadh, Junagadh durante o *rabi*, 2016-17.

3.4.1 Pormenores da experiência

1.	Localização	:	Quinta de instrução, Escola Superior de Agricultura, Universidade Agrícola de Junagadh, Junagadh
2.	Cultura e variedade	:	Mostarda (Mostarda de Gujarat - 3)
3.	Taxa de sementeira (Kg/ha)	:	3.35
4.	Fertilizante (Kg/ha)	:	50-50-0
5.	Época e ano	:	*Rabi* 2016-2017
6.	Conceção experimental	:	RBD
7.	N.º de réplicas	:	3
8.	N.º de tratamentos	:	7
9.	Espaçamento	:	45 cm x15 cm (entre fileiras x entre plantas)
10.	Tamanho da parcela	:	**Terreno bruto:** 3,75 m x 2,25 m **Lote líquido:** 2,25 m x 1,35 m

3.4. 2 Detalhes do programa de pulverização

Tratamentos (Calendário)	Inseticida aplicado nas fases de crescimento da cultura			
	Pré-floração	50% Floração	100% Floração	50% Formação de cápsulas
S_1	*B.bassiana* 1,15%WP 0,006%	*B.bassiana* 1,15% WP 0,006%	*B.bassiana* 1,15 %WP 0,006%	*B.bassiana* 1,15%WP 0,006%
S_2	*V.lecanii*1.15%WP 0.006%	*V.lecanii*1.15%WP 0.006%	*V.lecanii*1.15%WP 0.006%	*V.lecanii*1.15%WP 0.006%
S_3	Imidaclopride 17,8 SL 0.005%	*B.bassiana* 1,15 %WP 0,006%	*V.lecanii*1.15%WP 0.006%	Azadiractina 0,15 CE 0,15%
S_4	Diafentiurão 50 WP 0,05%	*B.bassiana* 1,15% WP 0,006%	*V.lecanii*1.15%WP 0.006%	Azadiractina 0,15 CE 0,15%

	Flonicamida 50 WG 0,02%	*B.bassiana* 1,15 %WP 0,006%	*V.lecanii* 1.15%WP 0.006%	Azadiractina 0,15 CE 0,15%
S_5				
S_6	Acetamipride 20 SP 0,004%	Flonicamida 50 WG 0,02%	Diafentiurão 50 WP 0,05%	Imidaclopride 17,8SL 0,005%
S7 (Controlo)	Pulverização de água	Pulverização de água	Pulverização de água	Pulverização de água

3.4. 2Metodologia

Todos os calendários de pulverização foram aplicados sob a forma de pulverização foliar com a ajuda de um pulverizador de dorso (15 litros de capacidade). Para decidir a quantidade de líquido de pulverização necessário por parcela, as parcelas de controlo foram pulverizadas com água e determinou-se o líquido de pulverização necessário. O líquido de pulverização foi preparado misturando uma quantidade medida de água e pesticidas; foram tomados os cuidados necessários para evitar que a deriva dos pesticidas atingisse as parcelas adjacentes. Os calendários de pulverização foram efectuados em diferentes fases da cultura, ou *seja*, na fase de pré-floração, na fase de 50% de floração, na fase de 100% de floração e na fase de 50% de formação de vagens.

3.4.3Método de registo das observações

Para avaliar a eficácia de diferentes calendários de pulverização para o *L. erysimi*, foram seleccionadas aleatoriamente cinco plantas de cada parcela de tratamento e as observações do pulgão foram registadas 24 horas antes da pulverização, 3, 7 e 10 dias após cada calendário de pulverização. Os dados médios registados sobre o índice de afídeos foram submetidos a uma análise estatística. Os pulgões da mostarda sentam-se de forma sobreposta e, por isso, foi difícil registar os pulgões numa base numérica. Assim, o índice de afídeos foi utilizado para determinar a população de afídeos, tal como descrito por Patel *et al.* (1995). As observações sobre o índice de pulgões foram registadas visualmente em cinco plantas aleatórias de cada parcela. Em média, o índice de pulgões foi calculado pela seguinte fórmula.

Índice de afídeos	Critérios
0	Planta livre de infestação de pulgões.
1	Poucos afídeos com muito poucos danos.
2	Pequenas colónias em poucos ramos, sem enrolamento ou amarelecimento das folhas.
3	Colónias de pulgões em quase todos os ramos, crescimento atrofiado, enrolamento e amarelecimento das folhas.
4	População muito forte de afídeos nas inflorescências, folhas, caule e síliqua (vagem).
5	Secagem completa das plantas devido a uma forte infestação de afídeos.

O índice médio de afídeos foi calculado utilizando a seguinte fórmula

$$\text{Índice médio de afídeos} = \frac{0N + 1N + 2N + 3N + 4N + 5N}{\text{Número total de plantas observadas}}$$

Onde,

0, 1, 2, 3, 4, 5 são os índices de afídeos.

N = Número de plantas com o respetivo índice de afídeos.

3.5 Análise estatística

A análise estatística foi efectuada utilizando a técnica ANOVA indicada por Panse e Sukhatme (1985).

A presente investigação sobre diferentes aspectos do pulgão da mostarda, *Lipaphis erysimi* (Kaltenbach), foi realizada em condições laboratoriais e de campo durante o ano de 2016-17 na Quinta de Instrução e no Laboratório de Investigação de Biocontrolo, Departamento de Entomologia, Faculdade de Agricultura, Universidade Agrícola de Junagadh, Junagadh. Os resultados obtidos são apresentados sob os seguintes títulos:

4.1 Compatibilidade de *B. bassiana* com diferentes insecticidas e fungicidas

4.2 Bioeficácia de *B. bassiana* e de diferentes insecticidas contra *L. erysimi* em condições laboratoriais

4.3 Avaliação de biopesticidas e de calendários de pulverização inseticida contra *L. erysimi* da mostarda

4.1 Compatibilidade de *B. bassiana* com diferentes insecticidas

A compatibilidade entre fungos entomopatogénicos e insecticidas químicos tem de ser testada individualmente em laboratório. Para otimizar a utilização combinada de fungos e produtos químicos na gestão de pragas, podem ser necessárias aplicações simultâneas. Assim, a compatibilidade de B. bassiana com os insecticidas habitualmente utilizados contra *L. erysimi* foi testada em condições laboratoriais e os resultados são descritos a seguir.

4.1.1 Compatibilidade   em doses baixas

Os dados sobre a porcentagem de inibição de crescimento apresentados na Tabela 1 e ilustrados na Fig. 1 indicam que o dimetoato 30 EC 0,020% mostrou significativamente a menor inibição de crescimento (20%) de B. bassiana em doses mais baixas. Imidacloprid 17.8 SL 0.003%, azadirachtin 0.15 EC 0.0003%, thiamethoxam 25 WG 0.005%, spiromesifen 48 EC 0.007% mostraram 23.33% de inibição de crescimento cada. Os tratamentos de dinotefuran 20 SG 0,005% (26,67%), flonicamid 50 WP 0,007% (36,67%), acetamiprid 20 SP 0,003% (36,67%) e diafenthiuron 50 WP 0,025% (36,67%) apresentaram inibição moderada do crescimento de B. bassiana. A maior inibição de crescimento (100%) foi registada com carbosulfan 25 EC 0,025%.

Tabela 1:   Efeito de diferentes doses baixas de insecticidas no crescimento radial de *B. bassiana*

Sr. Não.	Tratamentos	Conc. (%)	Dose(g/ml)/litro	Dose mais baixa	
				Inibição do crescimento (%)	*Grau
1.	Flonicamida 50 WP	0.007	0.15	36.02 (36.67)	1
2.	Acetamapride 20 SP	0.003	0.15	37.28	1

				(36.67)	
3.	Imidaclopride 17,8 SL	0.003	0.15	26.88 (23.33)	1
4.	Dimetoato 30 CE	0.020	0.50	23.88 (20.00)	1
5.	Carbossulfão 25 CE	0.025	1.00	90.00 (100.00)	4
6.	Azadiractina 0,15 CE	0.0003	2.50	26.88 (23.33)	1
7.	Tiametoxame 25 WG	0.005	0.20	24.88 (23.33)	1
8.	Dinotefurão 20 SG	0.005	0.25	28.61 (26.67)	1
9.	Diafentiurão 50 WP	0.025	0.50	36.02 (36.67)	1
10.	Espiromesifena 48 CE	0.007	0.15	25.62 (23.33)	1
11.	Controlo não tratado	-	-	7.98 (0.00)	
S.Em. ±				1.74	
C.D. a 5%				4.92	
C.V.%				12.52	

Os dados entre parêntesis são valores originais, enquanto os valores exteriores são transformados em arco-seno.

Foi utilizada a estirpe local de *B. bassiana* @ 2×10^8 cfu/g.

*Classificação: 1 = Inócuo (<50% de redução da capacidade benéfica), 2 = Ligeiramente prejudicial (50-79%),

3 = Moderadamente nocivo (80-90%), 4 = Nocivo (>90%)

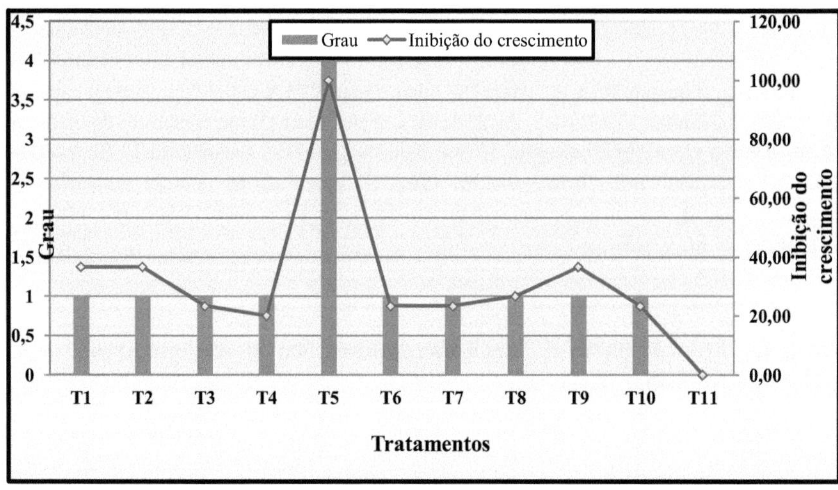

Fig. 1 Efeito de diferentes doses inferiores de insecticidas no crescimento radial de *B. bassiana*

Os resultados acima indicam que, entre os insecticidas testados, a flonicamida, o acetamipride, o imidaclopride, o dimetoato, a azadiractina, o tiametoxame, o dinotefurão, o diafentiurão e a espiromesifena foram relativamente inofensivos (Grau 1) para a *B. bassiana*, uma vez que apresentaram uma inibição do crescimento inferior a 50% na sua dose mais baixa. Por outro lado, o carbossulfão foi nocivo (Grau 4) e provou ser o inibidor de crescimento mais forte da *B. bassiana.*

Os resultados acima indicaram que, entre os insecticidas testados, a flonicamida, o acetamipride, o imidaclopride, o dimetoato, a azadiractina, o tiametoxame, o dinotefurano, o diafentiurão e a espiromesifena foram relativamente inofensivos (grau 1) para a *B. bassiana* e mostraram uma inibição do crescimento inferior a 50% em doses mais baixas. O carbossulfão provou ser o inibidor de crescimento mais forte de *B. bassiana.*

4.1.2 Compatibilidade com a dose recomendada

Os efeitos dos insecticidas no crescimento de *B.bassiana* na dose recomendada são apresentados na Tabela 2. Os resultados indicam claramente que a menor inibição de crescimento (33,33%) foi observada devido ao tiametoxam 25 WG 0,010%, seguido por dimetoato 30 EC 0,030% (36,67%), imidaclopride 17,8 SL 0,005% (43,33%), dinotefurano 20 SG 0,011% (43,33%) e diafentiuron 50 WP 0,050% (43,33%). Os inseticidas azadiractina 0,15 EC 0,0007% (46,67%) e espiromesifeno 48 EC 0,023% (56,67%) foram os próximos a inibir o crescimento de *B. bassiana*. O flonicamid 50 WP 0,015% (63,33%) e o acetamiprid 20 SP 0,006% (70,00%) afectaram moderadamente o crescimento do fungo. Os resultados mostraram que o carbosulfan 25 EC 0,050% causou a maior redução (100,00%) no crescimento micelial de *B. bassiana* com inibição.

Os resultados do estudo sobre a compatibilidade de *B. bassiana* com diferentes insecticidas, nas doses recomendadas, revelaram que os insecticidas imidaclopride, dimetoato, azadiractina, tiametoxame, dinotefurano e diafentiurão eram mais compatíveis com o fungo testado, uma vez que eram inofensivos (grau 1) para o crescimento do fungo. A inibição do crescimento foi classificada como ligeiramente prejudicial (Grau 2) para os insecticidas flonicamida, acetamipride e espiromesifena. Por outro lado, o carbosulfan foi prejudicial (Grau 4) e provou ser o inibidor de crescimento mais forte de *B. bassiana.*

Quadro 2: Efeito de diferentes doses recomendadas de insecticidas no crescimento radial de *B. bassiana*

Sr. Não.	Tratamentos	Conc. (%)	Dose (g/ml)/litro	Dose recomendada	
				Inibição do crescimento (%)	*Grau
1.	Flonicamida 50 WP	0.015	0.30	57.72 (63.33)	2
2.	Acetamapride 20 SP	0.006	0.30	64.92 (70.00)	2
3.	Imidaclopride 17,8 SL	0.005	0.30	41.95 (43.33)	1
4.	Dimetoato 30 CE	0.030	1.00	38.02 (36.67)	1

5.	Carbossulfão 25 CE	0.050	2.00	90.00 (100.00)	4
6.	Azadiractina 0,15 CE	0.0007	5.00	45.44 (46.67)	1
7.	Tiametoxame 25WG	0.010	0.40	33.68 (33.33)	1
8.	Dinotefurão 20 SG	0.011	0.50	43.10 (43.33)	1
9.	Diafentiurão 50 WP	0.050	1.00	43.10 (43.33)	1
10.	Espiromesifena 48 CE	0.023	1.00	51.90 (56.67)	2
11.	Controlo não tratado	-	-	7.98 (00.00)	
S.Em. ±				2.02	
C.D. a 5%				5.72	
C.V.%				11.15	

Os dados entre parêntesis são valores originais, enquanto os valores exteriores são transformados em arco-seno.

Foi utilizada a estirpe local de *B. bassiana* @ 2×10^8 cfu/g.

*Classificação: 1 = Inócuo (<50% de redução da capacidade benéfica), 2 = Ligeiramente nocivo (50-79%), 3 = Moderadamente nocivo (80-90%), 4 = Nocivo (>90%)

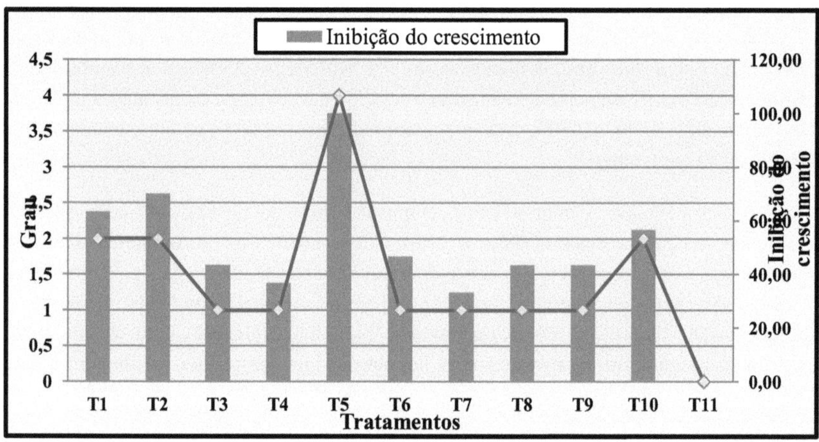

Fig. 2 Efeito de diferentes doses recomendadas de insecticidas no crescimento radial de *B. bassiana*

4.1.3 Compatibilidade com doses mais elevadas

Todos os insecticidas testados têm diferentes níveis de compatibilidade com *B. bassiana* na sua dose mais elevada (Quadro 3, Fig. 3). A análise dos dados sobre a inibição do crescimento indicou que o dimetoato 30 EC 0,045% registou a inibição mais baixa (56,67%). Os tratamentos azadiractina 0,15 CE 0,0011% e diafentiurão 50 WP 0,075% ficaram a seguir na ordem, pois ambos registaram 60,00% de inibição do crescimento. A inibição do crescimento foi moderadamente aumentada em imidacloprid 17.8 SL 0.007% (73.33%), thiamethoxam 25 WG 0.015% (76.67%), spiromesifen 48 EC 0.033% (76.67%). A maior inibição de crescimento foi obtida com o carbosulfan 25 EC 0,075% (100,00%) e dinotefuran

50 WP 0,075%, pois mostrou (100,00%) inibição do crescimento de *B. bassiana*. Os restantes insecticidas, flonicamid 50 WP 0,022% (80,00%) e acetamiprid 20 SP 0,009% (83,33%) mostraram uma menor inibição do crescimento em comparação com os insecticidas anteriores.

A dose mais elevada dos insecticidas testados teve mais efeito na inibição do crescimento dos fungos testados do que as doses mais baixas e recomendadas. Os resultados da presente investigação mostraram que a classificação dos insecticidas como ligeiramente nocivos (grau 2) foi restringida pelos insecticidas imidaclopride, dimetoato, azadiractina, tiametoxame e diafentiurão, uma vez que a sua inibição do crescimento se situou entre 50 e 79%. A flonicamida, o acetamipride e a espiromesifena foram registados como moderadamente nocivos (grau 3), ao passo que o carbosulfão e o dinotefurão inibiram completamente o crescimento da *B. bassiana* e foram distinguidos como nocivos (grau 4).

A presente descoberta sobre a compatibilidade de *B. bassiana* com diferentes insecticidas nas suas doses mais baixas, recomendadas e mais altas foi elucidada aqui. Todas as formulações de insecticidas impediram o desenvolvimento micelial de *B. bassiana* em meio PDA, parcial ou completamente, nas três concentrações. No entanto, houve diferenças significativas na taxa de inibição do crescimento do fungo pelos insecticidas.

Os inseticidas dimetoato e tiametoxam foram considerados ligeiramente nocivos neste estudo, o que está em total conformidade com os resultados encontrados por Khan *et al.* (2012), que afirmaram que o tiametoxam em concentração subnormal foi considerado ligeiramente nocivo para *B. bassiana* com 30,00% de inibição do crescimento. De-oliveira *et al.* (2003) descobriram que o inseticida tiametoxam não causou inibição do crescimento radial de *B. bassiana* nas duas concentrações mais baixas (FR = recomendação média de campo; 0,5 x FR e 2 x FR) e causou o menor nível de inibição em relação à produção de conídios. Faraji *et al.* (2016) constataram que o carbosulfan em concentrações mais altas, médias e baixas causou inibição completa ou forte do desenvolvimento fúngico, enquanto na concentração média esse inseticida foi compatível com *B. bassiana*.

Quadro 3: Efeito de diferentes doses mais elevadas de insecticidas no crescimento radial de *B. bassiana*

Sr. Não	Tratamentos	Conc. (%)	Dose (g/ml)/litro	Dose mais elevada	
				Inibição do crescimento (%)	Grau
1.	Flonicamida 50 WP	0.022	0.45	71.72 (80.00)	3
2.	Acetamapride 20 SP	0.009	0.45	74.71 (83.33)	3
3.	Imidaclopride 17,8 SL	0.007	0.45	65.78 (73.33)	2
4.	Dimetoato 30 CE	0.045	1.50	53.90 (56.67)	2
5.	Carbossulfão 25 CE	0.075	3.00	90.00 (100.00)	4
6.	Azadiractina 0,15 CE	0.0011	7.50	55.38	2

				(60.00)	
7.	Tiametoxame 25 WG	0.015	0.60	70.12 (76.67)	2
8.	Dinotefurão 20 SG	0.016	0.75	90.00 (100.00)	4
9.	Diafentiurão 50 WP	0.075	1.50	55.38 (60.00)	2
10.	Espiromesifena 48 CE	0.033	1.50	70.12 (76.67)	3
11.	Controlo não tratado	-	-	7.98 (00.00)	
	S.Em. ±			1.89	
	C.D. a 5%			5.36	
	C.V.%			8.07	

Os dados entre parêntesis são valores originais, enquanto os valores exteriores são transformados em arco-seno.

Foi utilizada a estirpe local de *B. bassiana* @ 2×10^8 cfu/g.

*Classificação: 1 = Inócuo (<50% de redução da capacidade benéfica), 2 = Ligeiramente nocivo (50-79%), 3 = Moderadamente nocivo (80-90%), 4 = Nocivo (>90%)

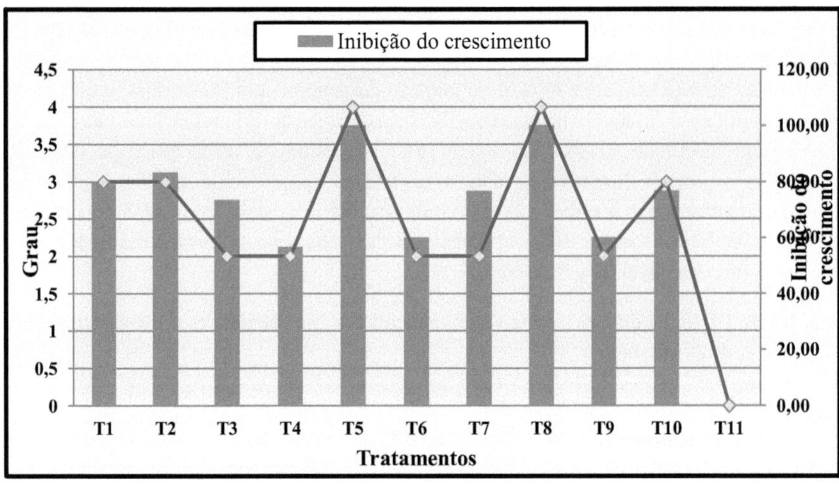

Fig. 3 Efeito de diferentes doses superiores de insecticidas no crescimento radial de *B. bassiana*

Contrariamente a esta constatação, foi relatado que o carbosulfan inibiu fortemente o crescimento e a esporulação de *B. bassiana* em doses mais baixas, recomendadas e mais altas, enquanto o dinotefuran inibiu fortemente o crescimento micelial de B. *bassiana* em doses mais altas.

Nas presentes constatações, a inibição do crescimento de spinosad 45 SC 0,0033% foi registada abaixo de 50%, o que apoia as constatações de Ambethgar *et al.* (2009), que observaram a menor inibição (22,2%) do diâmetro da colónia de *B. bassiana* em amostras tratadas com uma concentração de 0,020% de dimetoato 30 EC 0,020%. Os resultados do presente estudo sugerem que os insecticidas acetamipride, imidaclopride, azadiractina, tiametoxame, dinotefurano e diafentiurão são mais provavelmente utilizados juntamente com *B. bassiana* na gestão de pragas em doses mais baixas e recomendadas. Algumas variações nos resultados dos estudos actuais e dos anteriores podem dever-se às diferentes estirpes de *B. bassiana.*

4.1.4 Compatibilidade de *B. bassiana* com diferentes fungicidas

A compatibilidade entre os fungos entomopatogénicos e os fungicidas tem de ser testada individualmente em laboratório. A utilização combinada óptima de fungos e fungicidas para a gestão de pragas pode exigir aplicações simultâneas. Assim, a compatibilidade de *B. bassiana* com fungicidas comummente utilizados contra *L. erysimi* foi testada em condições laboratoriais e os resultados são descritos a seguir.

4.1.5 Compatibilidade com doses mais baixas

Os dados sobre a porcentagem de inibição de crescimento apresentados na Tabela 4 e ilustrados na Fig. 4 indicam que o enxofre 80 WP 0,100% e o fosetil AL 80 WP 0,080% mostraram significativamente a menor inibição de crescimento (46,67%) de *B. bassiana* na dose mais baixa. O oxicloreto de cobre 50 WP 0,100%, clorotalonil 75 WP 0,100%, dinocap 48 EC, 0,024%, benomyl 50 WP 0,025% mostraram 56,67%, 63,33%, 66,67% e 76,67% de inibição do crescimento, respetivamente. Hexaconazole 5 EC 0.003% (80.00%), zineb 75 WP 0.100%, mancozeb 70 WP 0.093%, carbendazim 50 WP 0.025% e thiophanate methyl 70 WP 0.035% mostraram (82.64%) de inibição de crescimento em cada. O Ridomil -MZ 72 WP 0,108% foi moderadamente prejudicial com (87,92%) de inibição do crescimento. A maior inibição de crescimento (100,00%) sem crescimento de micélios de *B. bassiana* foi registada com propiconazole 25 EC 0,013%.

Tabela 4: Efeito de diferentes fungicidas de dose mais baixa no crescimento radial de *B. bassiana*

Sr. Não.	Tratamentos	Conc. (%)	Dose (g/ml)/litro	Dose mais baixa	
				Inibição do crescimento (%)	*Grau
1.	Enxofre 80 WP	0.100	1.25	43.08 (46.67)	1
2.	Oxicloreto de cobre 50 WP	0.100	2.00	48.85 (56.67)	2
3.	Dinocap 48 CE	0.024	0.50	54.99 (66.67)	2
4.	Ridomil-MZ (Metalaxil + Mancozebe) 72 WP	0.108	1.50	70.83 (87.92)	3
5.	Zineb 75 WP	0.100	1.33	65.90 (82.64)	3

				43.08 (46.67) etc.	
6.	Fosetyl- AL 80 WP	0.080	1.00	43.08 (46.67)	1
7.	Clorotalonil 75 WP	0.100	1.34	52.88 (63.33)	2
8.	Mancozebe 70 WP	0.093	1.34	65.90 (82.64)	3
9.	Benomil 50 WP	0.025	0.50	61.32 (76.67)	2
10.	Hexaconazol 5 CE	0.003	0.50	63.43 (80.00)	3
11.	Carbendazime 50 WP	0.025	0.50	65.90 (82.64)	3
12.	Propiconazol 25 CE	0.013	0.50	78.22 (100.00)	4
13.	Tiofanato metílico 70 WP	0.035	0.50	65.90 (82.64)	3
14.	Controlo	-	-	11.78 (00.00)	-
S.Em. ±				2.18	
C.D. a 5%				6.17	
C.V.%				9.45	

Os dados entre parêntesis são valores originais, enquanto os valores exteriores são transformados em arco-seno. Foi utilizada a estirpe local de *B. bassiana* @ 2×10^8 cfu/g.
*Graus: 1 = Inofensivo (<50% de redução da capacidade benéfica), 2 = Ligeiramente nocivo (50-79%), 3 = Moderadamente nocivo (80-90%), 4 = Nocivo (>90%)

Os resultados acima indicaram que, entre os fungicidas testados, enxofre e fosetil - AL foram relativamente inofensivos (Grau 1) para *B. bassiana* e mostraram menos de 50% de inibição de crescimento em doses mais baixas. Enquanto que o oxicloreto de cobre, dinocap, clorotalonil e benomil foram ligeiramente nocivos (Grau 2) para o crescimento micelial de *B. bassiana*. O propiconazol provou ser o inibidor de crescimento mais forte de *B. bassiana*.

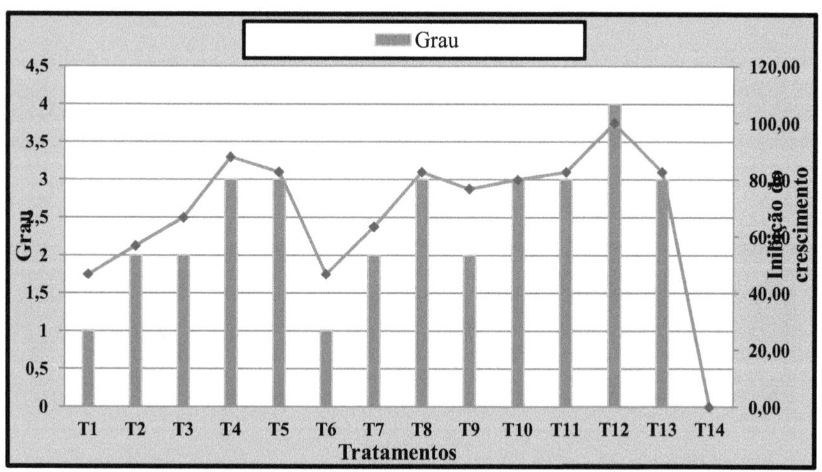

4.1.6 Compatibilidade com a dose recomendada

Os efeitos dos fungicidas no crescimento de *B.bassiana* na dose recomendada são mostrados na Tabela 5 e representados na Fig. 5. Os resultados indicaram claramente que a menor inibição de crescimento (53,33%) foi observada no dinocap 48 EC 0,048%. Enxofre 80 WP 0,200%, oxicloreto de cobre 50 WP 0,200% e clorotalonil 75 WP 0,200% mostraram 60,00% de inibição do crescimento em cada um, seguido por ridomil-MZ 72 WP 0,216% que mostrou 82,64% de inibição do crescimento de *B. bassiana*. Os fungicidas zineb 75 WP 0.200%, mancozeb 70 WP 0.187 %, benomyl 50 WP 0.050%, hexaconazole 5 EC 0.005% e thiophanate methyl 70 WP 0.070% exibiram 85.28% de inibição de crescimento em cada um. O carbendazim 50 WP 0,050% também é prejudicial para este fungo, uma vez que registou 87,92% de inibição do crescimento. Os resultados mostraram que o propiconazol 25 EC 0,013% causou a redução completa do crescimento micelial de *B. bassiana*.

Os resultados acima indicaram que, entre os fungicidas testados, enxofre, oxicloreto de cobre, dinocap, fosetil-AL e clorotalonil foram ligeiramente prejudiciais (Grau 2) para *B. bassiana* e mostraram 50-79% de inibição de crescimento na dose recomendada. Por outro lado, o propiconazol provou ser o inibidor de crescimento mais forte (Grau 4) de *B. bassiana*.

Tabela 5: **Efeito de diferentes doses recomendadas de fungicidas no crescimento radial de *B. bassiana***

Sr. Não.	Tratamentos	Conc. (%)	Dose (g/ml)/litro	Dose recomendada	
				Inibição do crescimento (%)	*Grau
1.	Enxofre 80WP	0.200	2.50	50.77 (60.00)	2
2.	Oxicloreto de cobre 50 WP	0.200	4.00	50.77 (60.00)	2
3.	Dinocap 48 CE	0.048	1.00	46.92 (53.33)	2
4.	Ridomil-MZ (Metalaxil + Mancozebe) 72 WP	0.216	3.00	65.90 (82.64)	3
5.	Zineb 75 WP	0.200	2.66	68.36 (85.28)	3
6.	Fosetyl- AL 80 WP	0.160	2.00	54.99 (66.67)	2
7.	Clorotalonil 75 WP	0.200	2.67	50.70 (60.00)	2
8.	Mancozebe 70 WP	0.187	2.67	68.36 (85.28)	3
9.	Benomil 50 WP	0.050	1.00	68.36 (85.28)	3
10.	Hexaconazol 5 CE	0.005	1.00	68.36 (85.28)	3

11.	Carbendazime 50 WP	0.050	1.00	70.83 (87.92)	3
12.	Propiconazol 25 CE	0.025	1.00	78.22 (100.00)	4
13.	Tiofanato metílico 70 WP	0.070	1.00	68.36 (85.28)	3
14.	Controlo	-	-	11.78 (00.00)	
S.Em.±				2.37	
C.D. a 5%				6.69	
C.V.%				9.87	

Os dados entre parêntesis são valores originais, enquanto os valores exteriores são transformados em arco-seno

Foi utilizada a   estirpe local de *B. bassiana* @ 2×10^8 cfu/g.

*Graus: 1 = Inofensivo (<50% de redução da capacidade benéfica), 2 = Ligeiramente nocivo (50-79%), 3 = Moderadamente nocivo (80-90%), 4 = Nocivo (>90%)

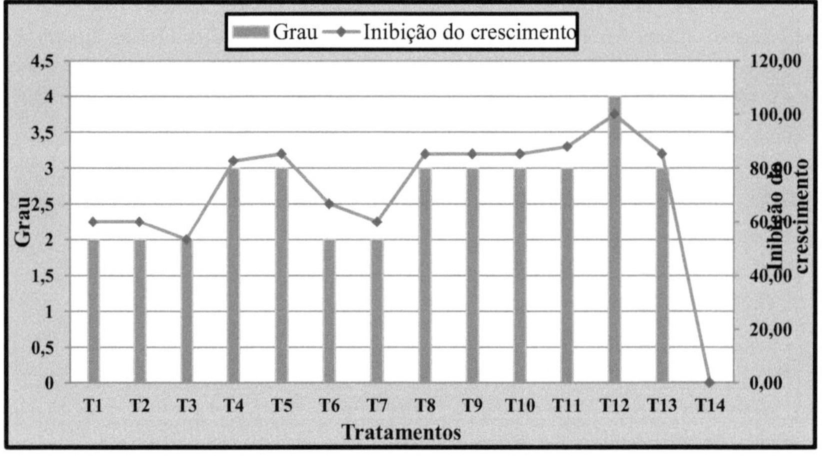

Fig. 5 Efeito de diferentes doses recomendadas de fungicidas no crescimento radial de *B. bassiana*

4.1.7   Compatibilidade com doses mais elevadas

Todos os fungicidas testados têm diferentes níveis de compatibilidade com *B. bassiana* na sua dose mais alta (Tabela 6, Fig.6). A análise dos dados sobre a inibição do crescimento indicou que o dinocap 48 EC 0,072% registou a inibição mais baixa (46,67%). Os tratamentos enxofre 80 WP 0.3%, ridomil-MZ 72 WP 0.324% e fosetyl- AL 80 WP 0.240% ficaram a seguir na ordem, que registaram 66.67%, 80.00% e 80.00% de inibição de crescimento, respetivamente, seguidos por zineb 75 WP 0.300% e tiofanato metílico 70 WP 0.105% exibiram (87.92%) de inibição de crescimento em cada um. A inibição do crescimento mostrou um lado mais alto (90,55%) em mancozeb 70 WP 0,280%, benomyl 50 WP 0,075% e carbendazim 50 WP 0,075%. Propiconazole 25 EC 0,038% inibiu o crescimento completo de *B. bassiana.*

A dose mais elevada dos fungicidas testados mostrou mais efeito na inibição do crescimento do fungo testado em comparação com as doses mais baixas e recomendadas. Os resultados da presente investigação mostraram que a classificação dos fungicidas como ligeiramente nocivos (Grau 2) foi restringida pelos fungicidas enxofre e oxicloreto de cobre, uma vez que a sua inibição do crescimento se situou entre 50 e 79%. Ridomil- MZ, zineb, fosetil - AL e tiofanato metílico foram registados como moderadamente nocivos (Grau 3), ao passo que mancozeb, benomil, hexaconazol, carbendazim e propiconazol inibiram fortemente o crescimento da *B. bassiana* e foram distinguidos como nocivos (Grau 4).

A presente descoberta sobre a compatibilidade de *B. bassiana* com diferentes insecticidas nas suas doses mais baixas, recomendadas e mais altas foi elucidada aqui. Todas as formulações de fungicidas impediram o desenvolvimento micelial de *B. bassiana* em meio PDA, parcial ou completamente, nas três concentrações. No entanto, houve diferenças significativas na taxa de inibição do crescimento do fungo pelos fungicidas.

Os fungicidas oxicloreto de cobre e clorotalonil foram considerados ligeiramente nocivos neste estudo. De acordo com Majchrowicz e Poprawski (1993) e Gupta *et al.* (2002), o mancozeb causou inibição moderada a completa de *B. bassiana* nas três concentrações. Gupta *et al.* (2002) também descobriram que o oxicloreto de cobre representou uma inibição moderada de *B. bassiana.* Contrariamente a essa descoberta, o propiconazol inibiu completamente o crescimento e a esporulação de *B. bassiana* em taxas de campo mais baixas e recomendadas e em doses mais altas, enquanto mancozeb, benomyl, hexaconazole e carbendazim inibiram fortemente o crescimento e a esporulação de *B. bassiana* em doses mais altas do que as taxas de campo mais baixas e recomendadas. Nos resultados actuais, a inibição do crescimento do enxofre e do dinocape nas três concentrações foi inferior a 60%, o que apoia os resultados de Tedders (1981), que observou que o enxofre e o dinocape eram os menos tóxicos.

Tabela 6: Efeito de diferentes fungicidas de dose mais elevada no crescimento radial de *B. bassiana*

Sr. Não.	Tratamentos	Conc. (%)	Dose (g/ml)/litro	Dose mais elevada	
				Inibição do crescimento (%)	*Grau
1.	Enxofre 80 WP	0.300	3.75	54.99 (66.67)	2
2.	Oxicloreto de cobre 50 WP	0.300	6.00	52.88 (63.33)	2
3.	Dinocap 48 CE	0.072	1.50	43.08 (46.67)	1
4.	Ridomil-MZ (Metalaxil + Mancozebe) 72 WP	0.324	4.50	63.43 (80.00)	3
5.	Zineb 75 WP	0.300	4.00	70.83 (87.92)	3

6.	Fosetyl- AL 80 WP	0.240	3.00	63.43 (80.00)	3
7.	Clorotalonil 75 WP	0.300	4.01	52.88 (63.33)	2
8.	Mancozebe 70 WP	0.280	4.01	73.29 (90.55)	4
9.	Benomil 50 WP	0.075	1.50	73.29 (90.55)	4
10.	Hexaconazol 5 CE	0.008	1.50	75.75 (93.19)	4
11.	Carbendazime 50 WP	0.075	1.50	73.29 (90.55)	4
12.	Propiconazol 25 CE	0.038	1.50	78.22 (100.00)	4
13.	Tiofanato metílico 70 WP	0.105	1.50	70.83 (87.92)	3
14.	Controlo	-	-	11.78 (00.00)	
S.Em.±				2.38	
C.D. a 5%				6.71	
C.V.%				9.49	

Os dados entre parêntesis são valores originais, enquanto os valores exteriores são transformados em arco-seno.

Foi utilizada a estirpe local de *B. bassiana* @ 2×10^8 cfu/g.

*Graus: 1 = Inofensivo (<50% de redução da capacidade benéfica), 2 = Ligeiramente nocivo (50-79%), 3 = Moderadamente nocivo (80-90%), 4 = Nocivo (>90%)

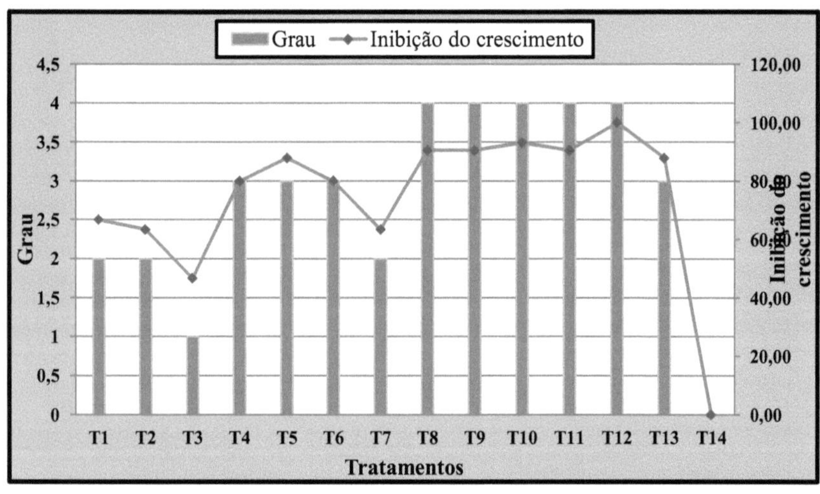

Fig. 6 Efeito de diferentes doses superiores de fungicidas no crescimento radial de *B. bassiana*

4.2 Bioeficácia de *B. bassiana* e de diferentes insecticidas contra *L. erysimi* em condições laboratoriais

O estudo da bioeficácia de *B. bassiana* e de diferentes insecticidas contra *L. erysimi* foi testado em condições laboratoriais no Biocontrol Research Laboratory, Department of Entomology, Junagadh. Os resultados obtidos sobre a mortalidade ninfal com base em diferentes tratamentos são apresentados no Quadro 7 e representados graficamente na Fig. 7.

Uma leitura atenta dos dados de mortalidade ninfal um dia após o tratamento indicou que a mortalidade mais elevada (58,78%) foi obtida no tratamento com flonicamida 50 WP @ 0,4 g/litro e foi igual à do imidaclopride 17,8 SL @ 1,0 ml/litro (53,35%). Os restantes tratamentos apresentaram resultados inferiores, com uma mortalidade inferior a 34,00%. *B. bassiana* 1,15% WP @ 5,0 g/litro e *V. lecanii* 1,15% WP @ 5,0 g/litro foram considerados os piores entre todos os tratamentos, uma vez que a ação inicial do fungo contra a praga-alvo foi lenta.

A mortalidade aumentou no terceiro dia após o tratamento. Os dados mostraram que a mortalidade mais elevada (85,39%) foi obtida no tratamento com imidaclopride 17,8 SL @ 1ml/litro, a que se seguiu o tratamento com flonicamide 50 WP @ 0,4 g/litro, que causou uma mortalidade de 84,59%. Os restantes tratamentos foram os seguintes na ordem, que registaram uma mortalidade de 37,19 a 57,35%. O acetamipride 20 SP @ 0,2 g/litro (37,19%) apresentou a percentagem de mortalidade mais baixa.

A análise dos resultados sobre a mortalidade de *L. erysimi* aos 7 dias após o tratamento revelou que o imidaclopride 17,8 SL @ 1,0 ml/litro deu a mortalidade mais elevada (94,81%), a que se seguiu o tratamento com flonicamide 50 WP @ 0,4 g/litro (91,10%). Os próximos melhores tratamentos foram o espiromesifeno 240 SC @ 1ml/litro, dimetoato 30 EC @ 1ml/litro, acetamipride 20 SP @ 0,2 g/litro, diafentiurão 50 WP @ 1g/litro, carbosulfão 25 EC @ 2 ml/litro, dinotefurão 20 SG @ 0.53 g/litro e *B. bassiana* 1,15 WP @ 5 g/litro, uma vez que apresentaram 85,39%, 85,52%, 82,5%, 82,85%, 82,71%, 82,71% e 82,71% de mortalidade, respetivamente. O tratamento, *V. lecanii* 1.15 WP @ 5 g/litro e azadiractina 0.15 EC @ 5 ml/litro foram considerados moderadamente eficazes com 76.08% e 78.80% de mortalidade, respetivamente. O restante tratamento, tiametoxame 25 WG @ 0,24 g/litro, foi menos eficaz, pois apresentou 73,36% de mortalidade.

Tabela 7: Bioeficácia de *B. bassiana* e de diferentes insecticidas contra o pulgão da mostarda em condições laboratoriais

N.º Sr.	Tratamentos (Dose/litro)	Mortalidade corrigida em percentagem		
		1 DAS	3 DAS	7 DAS
1.	*Beauveria bassiana* 1.15 WP @ 5.0 g	20.09 (11.80)	45.38 (50.67)	65.43 (82.71)
2.	*Verticilliumlecanii*1.15 WP @ 5.0 g	20.09 (11.80)	44.59 (49.23)	60.72 (76.08)
3.	Acetamipride 20 SP@ 0,2 g	25.57 (18.63)	37.58 (37.19)	65.53 (82.85)

4.	Imidaclopride 17,8 SL @ 1,0 ml	46.92 (53.35)	67.53 (85.39)	76.83 (94.81)
5.	Dimetoato 30 CE a 1,0 ml	31.08 (26.64)	43.09 (46.66)	67.63 (85.52)
6.	Carbossulfão 25 CE a 2,0 ml	24.47 (17.15)	44.62 (49.33)	65.43 (82.71)
7.	Azadiractina 0,15 CE a 5,0 ml	33.59 (30.61)	47.68 (54.67)	62.58 (78.80)
8.	Tiametoxame 25 WG @ 0,2 g	31.91 (27.94)	49.23 (57.35)	58.92 (73.36)
9.	Dinotefurano20SG @ 0,53 g	25.57 (18.63)	38.41 (38.60)	65.43 (82.71)
10.	Diafentiurão 50 WP @ 1,0 g	33.62 (30.65)	46.91 (53.34)	65.53 (82.85)
11.	Espiromesifeno 240 SC a 1,0 ml	35.21 (33.24)	49.23 (57.35)	67.53 (85.39)
12.	Flonicamida 50 WP @ 0,4 g	50.06 (58.78)	66.89 (84.59)	72.64 (91.10)
13.	Controlo	17.71 (9.25)	25.57 (18.63)	37.66 (37.32)
S.Em. ±		1.82	3.62	2.03
C.D. a 5 %		5.30	10.54	5.89
C.V. %		10.36	11.95	4.41

*Os dados entre parêntesis são valores originais, enquanto os valores exteriores são transformados em arco-seno.

DAT = Dias após o tratamento   *B. bassiana* 2×10^6 cfu/g, *V. lecanii* 2×10^6 cfu/g

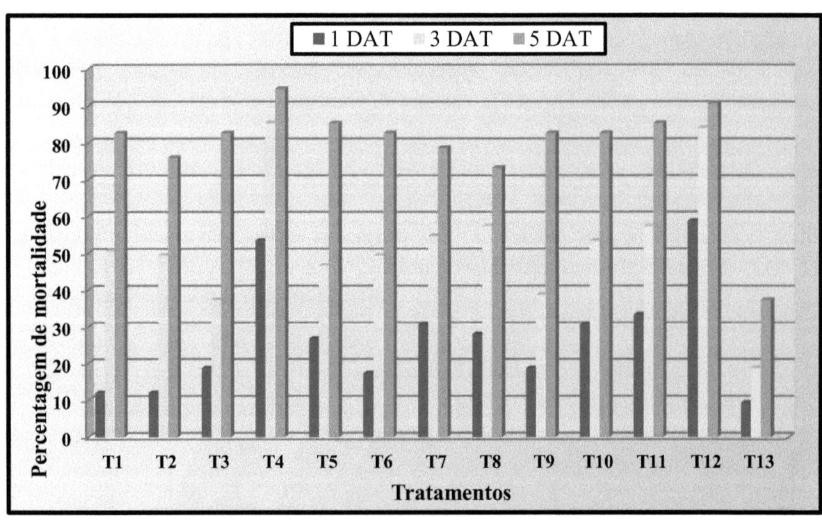

Assim, este estudo convenceu-se de que o tratamento com imidaclopride 17,8 SL @ 1ml/litro foi o inseticida mais eficaz, uma vez que registou 94,81% de mortalidade desta praga e foi equiparado ao flonicamide 50 WP @ 0,4 g/litro (91,10%), seguido de dimetoato 30 EC @1ml/litro, espiromesifeno 240 SC @ 1ml/litro e acetamipride 20 SP @ 0,2 g/litro. O *B. bassiana* 1.15%WP @ 5.00 g/litro mostrou que a toxicidade a partir de 1st dia de aplicação, aumentou gradualmente nos períodos subsequentes, até à toxicidade máxima aos 7th dias de aplicação e foi mais ou menos comparável aos insecticidas químicos.

No presente estudo, o imidaclopride causou uma mortalidade de 94,81% em *L. erysimi*, o que está de acordo com o trabalho de Khalequzzaman e Nahar (2008), que afirmaram que o imidaclopride provou ser o mais tóxico, com uma CL_{50} de 0,41 µg cm^{-2} para *A. craccivora*, 0,34 µg cm-^{2} para *A. gossypii* e 0,44 µg cm-^{2} para *M. persicae* e *L. erysimi* em condições laboratoriais. Parmar e Kapadia (2008) efectuaram uma análise laboratorial da eficácia de *V. lecanii* e *B. bassiana* isoladamente e em combinação com doses reduzidas de dois insecticidas contra a terceira fase ninfal de *Lipaphis erysimi* e concluíram que os insecticidas imidaclopride 0,005% e acefato 0,05% com *B. bassiana* provocaram uma mortalidade de 53,7% de *L. erysimi*. Ye *et al.* (2005) realizaram testes laboratoriais de eficácia de concentrações baixas, médias e altas do agente de biocontrolo fúngico, *B. bassiana*, isoladamente ou suplementado com uma taxa sub-letais crescente de imidaclopride, no pulgão do crisântemo *Macrosiphoniella sanborni* e no pulgão verde do pêssego *Myzus persicae*. Registaram que a formulação combinada ou a aplicação de *B. bassiana* e imidaclopride 17,8 SL 0,005% controlam eficazmente os afídeos em laboratório. Assim, estes resultados estão em conformidade com as presentes conclusões.

4.3 Avaliação de biopesticidas e calendários de pulverização inseticida contra o pulgão da mostarda

Com vista a testar a eficácia dos esquemas de pulverização inseticida contra *L. erysimi*, foi realizada uma experiência de campo na quinta de instrução da Universidade Agrícola de Junagadh, Junagadh, durante a estação *rabi* do ano de 2016-17. Os esquemas insecticidas foram aplicados em diferentes fases da cultura, ou *seja, na fase de* pré-floração, 50% de floração, 100% de floração e 50% de formação de vagens. As observações sobre a incidência de afídeos foram registadas antes de 24 horas e 3, 7 e 10 dias após a pulverização.

4.3.1 Avaliação de biopesticidas e de calendários de pulverização de insecticidas na fase de pré-floração

A observação da população de pulgões foi registada em cinco plantas seleccionadas aleatoriamente e marcadas em cada tratamento antes da pulverização e 3, 7 e 10 dias após a pulverização. Foram também estudados o rendimento e a economia dos diferentes tratamentos. Os resultados da experiência são apresentados no Quadro 8.

4.3.1.1 Três dias após a pulverização

O índice de pulgões registado um dia após a aplicação de diferentes tratamentos insecticidas (Quadro 8 e Fig. 8) mostrou que o flonicamide 50 WG 0,02% (S_5) registou 1,00 índice de pulgões/planta, seguido de *B. bassiana* 1.15 WP 0.006% (S_1), acetamiprid 20 SP 0.004% (S_6) e imidachloprid 17.8 SL 0.005% (S_3), que registaram 1.30, 1.30 e 1.63 índice de pulgões/planta, respetivamente. *V. lecanii* 1,15 WP 0,006% (S_2) e diafenthiuron 50 WP 0,05% (S_4) foram considerados menos eficazes contra pulgões com 2,31 índice de pulgões/planta em ambos os tratamentos. O índice mais elevado (3,00) de pulgões/planta foi registado no controlo (S_7).

4.3.1.2 Sete dias após a pulverização

Os dados registados dez dias após a pulverização (Quadro 10 e Fig. 19) indicaram que o tratamento de *B. bassiana* 1,15 WP 0,006% (S_1) e flonicamid 50 WG 0,02% (S_5) provou ser o mais eficaz, uma vez que registou o índice mais baixo (1.00) índice de pulgões/planta, seguido por *V. lecanii* 1,15% WP 0,006% (S_2), imidachloprid 17,8 SL 0,005% (S_3) e acetamiprid 20 SP 0,004% (S_6), que registaram 1,30, 1,63 e 1,63 índice de pulgões/planta, respetivamente. O diafenthiuron 50 WP 0,05% (S_4) foi considerado menos eficaz para o manejo de *L. erysimi*, pois registrou 2,31 índice de pulgões/planta. O índice de pulgões/planta mais elevado (3,60) foi registado na testemunha (S_7).

Quadro 8: Eficácia dos calendários de pulverização contra *L. erysimi* na fase de pré-floração

N.º Sr.	Tratamentos	Índice de afídeos/planta na fase de pré-floração				
		Antes de 24 horas	3 DAS	7 DAS	10 DAS	Média
1.	Calendário 1	1.41 (2.00)	1.14 (1.30)	1.00 (1.00)	1.00 (1.00)	1.05 (1.09)
2.	Calendário 2	1.61 (2.59)	1.52 (2.31)	1.38 (1.91)	1.14 (1.30)	1.35 (1.81)
3.	Calendário 3	1.52 (2.31)	1.28 (1.63)	1.14 (1.30)	1.28 (1.63)	1.35 (1.51)
4.	Calendário 4	1.63 (2.64)	1.52 (2.31)	1.41 (2.00)	1.52 (2.31)	1.48 (2.20)
5.	Calendário 5	1.14 (1.30)	1.00 (1.00)	1.00 (1.00)	1.00 (1.00)	1.00 (1.00)
6.	Calendário 6	1.41 (2.00)	1.14 (1.30)	1.14 (1.30)	1.28 (1.63)	1.18 (1.40)
7.	Calendário 7 (Controlo)	1.52 (2.31)	1.73 (3.00)	1.82 (3.32)	1.90 (3.60)	1.82 (3.30)
S.Em. ±		0.11	0.09	0.10	0.10	0.05
C.D. a 5 %		NS	0.30	0.33	0.31	0.17
C.V. %		13.76	12.82	14.76	12.82	7.71

Os valores entre parênteses são valores originais, enquanto os valores exteriores são valores retransformados DAS = Dias após a pulverização

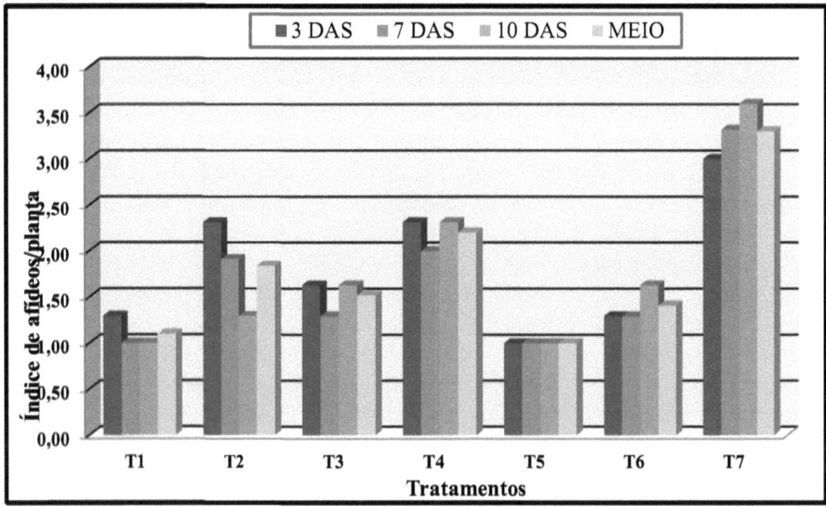

Fig. 8 Eficácia dos esquemas de pulverização contra a mostarda, *L. erysimi*, na fase de pré-floração

4.3.1.4 Índice médio de afídeos na fase de pré-floração durante 2016-17

Os dados sobre o índice médio de pulgões (Tabela 8 e Fig. 8) na fase de pré-floração registados durante 2016-17 indicaram que o tratamento de flonicamida 50 WG 0,02% (S_5) foi significativamente superior aos restantes tratamentos insecticidas, uma vez que registou o índice de pulgões/planta mais baixo (1,00). No entanto, foi estatisticamente igual a *B. bassiana* 1,15 WP 0,006% (S_1), pois apresentou um índice de pulgões/planta de 1,09. Seguiram-se o acetamipride 20 SP 0,004% (S_6), o imidaclopride 17,8 SL 0,005% (S_3) e o *V. lecanii* 1,15 WP 0,006% (S_2), que registaram 1,40, 1,51 e 1,81 índice de pulgões/planta, respetivamente. O tratamento diafenthiuron 50 WP 0,05% (S_4) foi menos eficaz para o manejo de *L. erysimi*, pois registrou 2,20 índice de pulgões/planta. O índice de pulgões/planta mais elevado (3,30) foi registado na testemunha (S_7).

Durante o presente estudo, o flonicamide Schedule 5 revelou-se o mais eficaz. Registou a mortalidade mais elevada do que os outros tratamentos. Enquanto o diafentiurão se revelou menos eficaz do que os outros tratamentos, o que está de acordo com o trabalho de Roy e Debnath (2016), em que o flonicamide registou a maior mortalidade de pulgões após 7 dias da primeira pulverização. Também se registou uma tendência mais ou menos semelhante neste estudo.

4.3.2 Avaliação de biopesticidas e calendários de pulverização de insecticidas na fase de 50% de floração

4.3.2.1 Três dias após a pulverização

A leitura dos dados apresentados na Tabela 9 e representados na Fig. 9 revelou que o tratamento com flonicamida 50 WG 0,02% (S_6) foi considerado significativamente o mais eficaz do que os restantes tratamentos insecticidas, uma vez que registou 1,00 índice de pulgões/planta e foi estatisticamente igual ao tratamento com *B. bassiana* 1,15 WP 0,006% (S_5), uma vez que registou 1,30 índice de pulgões/planta. Os próximos tratamentos eficazes foram *B. bassiana 1.15 WP 0.006%* (S_3), *B. bassiana* 1.15 WP 0.006% (S_1), e *V. lecanii* 1.15 WP 0.006% (S_4), pois registou 1.63, 1.91 e 1.93 índice de pulgões/planta, respetivamente. O tratamento de *V. lecanii* 1,15% WP 0,006% (S_4) foi menos eficaz para o manejo do pulgão da mostarda, pois registrou 2,00 índice de pulgões/planta. O índice mais elevado (3,00) de pulgões/planta foi registado na parcela de controlo (S). $_7$

4.3.2.2 Sete dias após a pulverização

Os dados sobre a população de pulgões em diferentes tratamentos insecticidas registados sete dias após a pulverização durante a fase de 50% de floração da cultura da mostarda são apresentados no Quadro 9 e apresentados graficamente na (Fig. 9). Os dados mostram que todos os tratamentos apresentaram um índice mínimo de pulgões por planta em comparação com o controlo (pulverização com água). O índice mínimo de pulgões foi encontrado nos tratamentos de *B. bassiana* 1,15 WP 0,006% (S_5) e flonicamid 50 WG 0,02% (S_6), pois ambos os tratamentos tiveram 1,00 índice de pulgões/planta. O mesmo aconteceu com *B. bassiana* 1,15 WP 0,006% nos planos 3 e 4, pois ambos os tratamentos apresentaram um índice de pulgões/planta de 1,30. No entanto, os cronogramas 2 e 4 de *V.*

Quadro 9: Eficácia dos calendários de pulverização contra a mostarda, *L. erysimi*, na fase de 50% de floração

N.º Sr.	Tratamentos	Índice de afídeos/planta na fase de floração a 50%				
		Antes de 24 horas	3 DAS	7 DAS	10 DAS	Média
1.	Calendário 1	1.41 (2.00)	1.38 (1.91)	1.14 (1.30)	1.00 (1.00)	0.80 (0.63)
2.	Calendário 2	1.52 (2.31)	1.41 (2.00)	1.28 (1.63)	1.28 (1.63)	1.32 (1.75)
3.	Calendário 3	1.41 (2.00)	1.28 (1.63)	1.14 (1.30)	1.14 (1.30)	1.18 (1.40)
4.	Calendário 4	1.52 (2.31)	1.39 (1.93)	1.28 (1.63)	1.14 (1.30)	1.27 (1.61)
5.	Calendário 5	1.14 (1.30)	1.14 (1.30)	1.00 (1.00)	1.00 (1.00)	1.05 (1.09)
6.	Calendário 6	1.28 (1.63)	1.00 (1.00)	1.00 (1.00)	1.41 (2.00)	1.14 (1.30)
7.	Calendário 7 (Controlo)	1.63 (2.64)	1.73 (3.00)	1.82 (3.32)	1.90 (3.61)	1.82 (3.30)
S.Em. ±		0.10	0.11	0.10	0.11	0.08

| C.D. a 5 % | NS | 0.35 | 0.31 | 0.36 | 0.25 |
| C.V. % | 12.44 | 14.91 | 14.46 | 15.98 | 11.03 |

Os valores entre parênteses são valores originais, enquanto os valores exteriores são valores retransformados DAS = Dias após a pulverização

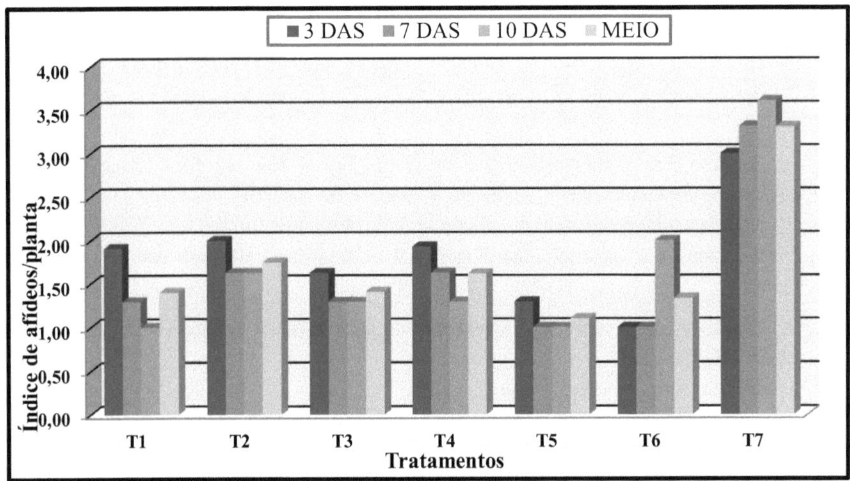

Fig. 9 Eficácia dos esquemas de pulverização contra a mostarda, *L. erysimi*, no estádio de 50% de floração

lecanii 1,15% WP 0,006% foram igualmente eficazes e ambos apresentaram um índice de pulgões/planta de 1,63 aos sete dias após a pulverização. O índice mais elevado (3,32) de pulgões/planta foi registado no controlo (S_7).

4.3.2.3 Dez dias após a pulverização

Os dados sobre o índice de pulgões/planta registados dez dias após a pulverização (Tabela 9 e Fig. 9) revelaram que todos os tratamentos insecticidas foram significativamente superiores ao controlo contra o pulgão na fase de 50% de floração. Os tratamentos de *B. bassiana 1,15* WP 0,006% nos planos 1 e 5 foram considerados mais eficazes contra o pulgão e ambos registaram 1,00 índice de pulgão/planta e não diferiram significativamente com os tratamentos de *B. bassiana* 1,15 WP 0,006% (S_3) e *V. lecanii* 1,15 WP 0,006% (S_4), uma vez que ambos registaram 1,30 índice de pulgão/planta seguido de *V. lecanii* 1,15 WP 0,006% (S_2). O tratamento com flonicamid 50 WG 0,02% (S_6) foi inferior a todos os tratamentos anteriores, pois registou um índice de pulgões/planta de 2,00. O índice máximo (3,61) de pulgões/planta foi registado no controlo (S_7).

4.3.2.4 Índice médio de afídeos na fase de 50% de floração

Os dados médios sobre a incidência de *L. erysimi* registados em vários tratamentos insecticidas são apresentados na Tabela 9 e representados na Fig. 9, indicando que todos os tratamentos foram significativamente superiores ao controlo na redução da população de pulgões. O tratamento *B. bassiana* 1.15 WP 0.006% (S_1) provou ser o mais eficaz, uma vez que registou o índice mais baixo de pulgões/planta, *ou seja,* 0.63 e foi seguido pelo tratamento flonicamid 50 WG 0.02% (S_6), uma vez que registou 1.30 índice de pulgões/planta, enquanto que o tratamento de *B. bassiana* 1.15 WP 0.006% (S_2) e *V. lecanii* 1.15 WP 0.006% (S_4) foram moderadamente eficazes contra pulgões, pois registaram 1.40 e 1.61 índice de pulgões/planta, respetivamente. O tratamento de *V. lecanii* 1,15 WP 0,006% (S_4) foi considerado menos eficaz contra *L. erysimi* no estágio de 50% de floração, pois apresentou 1,75 índice de pulgões/planta. O maior índice de pulgões/planta foi registado no controlo (S_7).

A presente descoberta mostrou que o esquema 1 de *B. bassiana* foi altamente eficaz e deu 0,63 índice de pulgão/planta, enquanto *V. lecanii* foi o menos eficaz no manejo de *L. erysimi*, o que corrobora o estudo de Araujo *et al.* (2009), que afirmou que *B. bassiana* 10^7 esporo ml causou 90% de mortalidade após 4,4 dias, o que corrobora com as presentes descobertas.

4.3.3 Avaliação de biopesticidas e calendários de pulverização de insecticidas na fase de 100% de floração

4.3.3.1 Três dias após a pulverização

Os dados (Tabela 10, Fig. 10) indicaram que o índice mínimo (1,63) de pulgões/planta foi registado nos tratamentos de *V. lecanii* 1,15 WP 0,006% (S_3) e diafentiuron 50 WP 0,05% (S_3). No entanto, não diferiu significativamente com o tratamento de *V. lecanii* 1,15 WP 0,006% (S_5), pois apresentou 2,00 índice de pulgões/planta. Os tratamentos de *B. bassiana* 1,15 WP 0,006% (S_1) e *V. lecanii* 1,15 WP 0,006% (S_4) foram considerados moderadamente eficazes, pois ambos apresentaram 2,31 índice de pulgões/planta. O índice máximo (3,65) de pulgões/planta foi registado no controlo (S_7).

4.3.3.2 Sete dias após a pulverização

A diferença no índice de pulgões/planta (Quadro 10, Fig. 10) registada na fase de 50% de floração após sete dias de aplicação foi considerada significativa. Os tratamentos de *V. lecanii* 1,15 WP 0,006% nos horários (S_3) e (S_5) foram considerados significativamente os mais eficazes, pois registaram o índice de pulgões/planta mais baixo (1,30) e foram seguidos por *B. bassiana* 1,15 WP 0,006% (S_1), *V. lecanii* 1,15 WP 0.006% (S_4) e diafenthiuron 50 WP 0,05% (S_6), pois todos registaram um índice de pulgões/planta de 2,00, enquanto que o tratamento de *V. lecanii* 1,15 WP 0,006% (S_2) registou um índice de pulgões/planta de 2,31 e foi considerado comparativamente menos eficaz para a gestão de *L. erysimi*. O índice de pulgões/planta mais elevado (4,00) foi registado no controlo (S_7).

4.3.3.3 Dez dias após a pulverização

Os resultados (Quadro 10, Figura 10) mostraram que a diferença do índice de afídeos registada entre os diferentes tratamentos testados foi estatisticamente significativa. Entre os diferentes biopesticidas e insecticidas testados, *V. lecanii* 1.15 WP 0.006% (S_3) provou ser o mais eficaz, pois registou 1.00 índice de pulgões/planta. No entanto, foi estatisticamente igual ao tratamento de *V. lecanii* 1,15 WP 0,006% (S_5), pois registou 1,30 índice de pulgões/planta e foi considerado o mais eficaz contra *L. erysimi* na fase de 100% de floração. Os tratamentos de *B. bassiana* 1,15 WP 0,0061% (S_1), *V. lecanii* 1,15 WP 0,006% do esquema 2 e 4 foram os próximos em termos de eficácia, pois todos registaram 1,63 índice de pulgões/planta.

Quadro 10: Eficácia dos esquemas de pulverização contra a mostarda, *L. erysimi*, na fase de 100% de floração

N.º Sr.	Tratamentos	Índice de afídeos/planta na fase de 100% de floração				
		Antes de 24 horas	3 DAS	7 DAS	10 DAS	Média
1.	Calendário 1	1.79 (3.22)	1.52 (2.31)	1.41 (2.00)	1.28 (1.63)	1.40 (1.97)
2.	Calendário 2	1.73 (3.00)	1.63 (2.64)	1.52 (2.31)	1.28 (1.63)	1.47 (2.17)
3.	Calendário 3	1.38 (1.91)	1.28 (1.63)	1.14 (1.30)	1.00 (1.00)	1.14 (1.30)
4.	Calendário 4	1.63 (2.64)	1.52 (2.31)	1.41 (2.00)	1.28 (1.63)	1.40 (1.97)
5.	Calendário 5	1.52 (2.31)	1.41 (2.00)	1.14 (1.30)	1.14 (1.30)	1.23 (1.51)
6.	Calendário 6	1.63 (2.64)	1.28 (1.63)	1.41 (2.00)	1.63 (2.64)	1.44 (2.07)
7.	Calendário 7 (Controlo)	1.90 (3.61)	1.91 (3.65)	2.00 (4.00)	2.08 (4.32)	2.00 (3.99)
S.Em. ±		0.10	0.10	0.06	0.11	0.08
C.D. a 5 %		NS	0.32	0.21	0.34	0.24
C.V. %		11.41	12.08	8.32	14.02	7.71

Os valores entre parênteses são valores originais, enquanto os valores exteriores são valores retransformados DAS = Dias após a pulverização

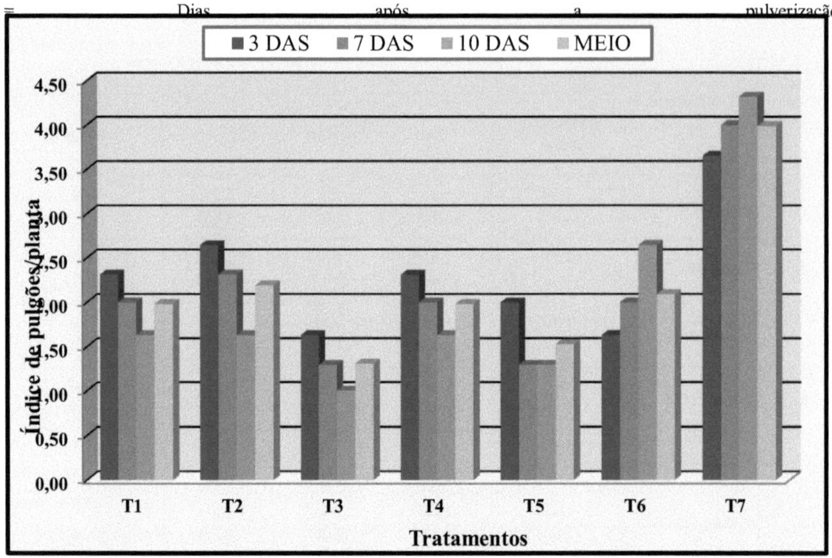

Fig. 10 Eficácia dos esquemas de pulverização contra a mostarda, *L. erysimi,* na fase de 100% de floração

Enquanto que o diafentiurão 50 WP 0,05% (S$_4$) registou um índice de pulgões/planta de 2,64 e foi considerado comparativamente menos eficaz para a gestão de pulgões na mostarda. O índice máximo (4,32) de pulgões/planta foi registado no controlo (S$_7$).

4.3.3.4 Índice médio de afídeos na fase de 100% de floração

Os dados médios sobre a incidência de pulgões registados em vários tratamentos insecticidas durante 2016-17 são apresentados na (Tabela 10), revelando que todos os tratamentos foram considerados significativamente superiores ao controlo na redução da população de pulgões. O tratamento de *V. lecanii 1,15 WP* 0,006% (S$_3$) foi significativamente superior, pois registou o índice de pulgões/planta mais baixo (1,30) e foi igual ao tratamento de *V. lecanii* 1,15 WP 0,006% WP (S$_5$), pois registou 1,51 índice de pulgões/planta. No entanto, os tratamentos de *B. bassiana* 1.15 WP 0.0061% (S$_1$), *V. lecanii* 1.15 WP 0.006% (S$_4$) e diafenthiuron 50 WP 0.05% (S$_3$) foram considerados moderadamente eficazes, pois registaram 1.97, 1.97 e 2.01 índice de pulgões/planta, respetivamente. O tratamento de *V. lecanii* 1.15 WP 0.006% (S$_2$) foi considerado menos eficaz contra L. erysimi, pois apresentou 2.17 índice de pulgões/planta. O índice mais elevado (3,99) de pulgões/planta foi registado no controlo (S$_7$).

De todas as pulverizações, a Tabela 3 (*V. lecanii* 1,15 WP 0,006%) foi altamente eficaz, o que está em total conformidade com os resultados encontrados por Parmar e Kapadia (2007), que afirmaram que as folhas de mostarda tratadas com *V. lecanii* @ 4,0 g/litro causaram mortalidade em *L. erysimi* até 10 dias após a sua aplicação e foram consideradas mais eficazes com 17,00, 24,00, 44,33, 56,33 e 58,67 % de mortalidade ninfal, respetivamente.

4.3.4 Avaliação de biopesticidas e calendários de pulverização de insecticidas na fase de formação de 50% das vagens

4.3.4.1 Três dias após a pulverização

Os dados sobre o índice de pulgões registrados três dias após a aplicação de diferentes biopesticidas e inseticidas no estágio de formação de 50% das vagens (Tabela 11) revelaram que, entre os vários tratamentos inseticidas, o imidaclopride 17,8 SL 0,005% (S_6) provou ser o tratamento mais eficaz com 1.30 índice de pulgões/planta, que foi estatisticamente igual ao de *B. bassiana* 1,15 WP 0,0061% (S_1), azadiractina 0,15 EC 0,15% nos planos 3 e 5, uma vez que todos registaram 1,63 índice de pulgões/planta, seguido de azadiractina 0,15 EC 0,15% (S_4), que registou 2,31 índice de pulgões/planta. O tratamento de *V. lecanii* 1.15 WP 0.006% (S_2) foi considerado menos eficaz com 2.64 índice de pulgões/planta. O índice mais elevado (3,32) de pulgões/planta foi registado na parcela de controlo (S_7).

4.3.4.2 Sete dias após a pulverização

Os dados sobre o índice de pulgões registados sete dias após a pulverização, durante a fase de formação de 50% das vagens, são apresentados no Quadro 11 e deplicados na Fig. 11. Os dados revelam que todos os tratamentos inseticidas apresentaram um índice mínimo de pulgões por planta, em comparação com o controlo (pulverização com água). O índice mínimo (1,00) de pulgões por planta foi encontrado no tratamento com imidachoprida 17,8 SL 0,005% (S_6). No entanto, foi estatisticamente igual ao tratamento com *B. bassiana* 1,15 WP 0,006% (S_1) e azadiractina 0,15 EC 0,15% contidos nos planos 3 e 5, uma vez que todos apresentaram 1,30 índice de pulgões/planta. Azadiractina 0,15 EC 0,15% no esquema 4 registou 2,00 índice de pulgões/planta. O tratamento *V. lecanii* 1.15 WP 0.006% (S_2) foi considerado menos eficaz, pois apresentou 2,31 índice de pulgões/planta. O índice mais elevado (3,65) de pulgões/planta foi registado na parcela de controlo (S_7).

4.3.4.3 Dez dias após a pulverização

Os dados registados dez dias após a pulverização (Quadro 11) indicaram que *B. bassiana* 1,15 WP 0,006% (S_1) foi considerado significativamente superior, uma vez que registou o índice de pulgões/planta mais baixo (1,00) e foi igual aos tratamentos de imidachloprid 17,8 SL 0,005% (S_6), azadirachtin 0,15 EC 0,15% contidos no esquema 3 e 5, uma vez que registaram 1,30, 1,63 e 1,63 índice de pulgões/planta, respetivamente. Os tratamentos de *V. lecanii* 1,15 WP 0,006% (S_2) e azadiractina 0,15 EC 0,15% (S_4) foram considerados menos eficazes com 2,00 e 2,31 índice de pulgões/planta, respetivamente. O índice mais elevado (4,00) de pulgões/planta foi registado na parcela de controlo (S_7).

4.3.4.4 Resultado médio no estádio de formação de 50% de vagens

Os dados médios sobre a incidência de pulgões registados em vários tratamentos insecticidas durante 2016-17 são apresentados na Tabela 11 e a Fig. 11 indica que todos os tratamentos foram considerados significativamente superiores ao controlo na redução da população de pulgões. O tratamento de imidaclopride 17,8 SL 0,005% (S_6) foi significativamente superior, pois registou o menor índice de pulgões (1,19) índice de pulgões/planta e foi igual ao de *B. bassiana* 1,15 WP 0,006% (S$_1$). A azadiractina 0,15 EC 0,15% foi incluída nos esquemas 3 e 5, uma vez que deu 1,30, 1,51 e 1,51 de índice de pulgões/planta, respetivamente. Os restantes tratamentos de azadiractina 0,15 EC 0,15% (S$_4$) e *V. lecanii* 1,15 WP 0,006% (S$_2$) foram considerados menos eficazes contra o pulgão, uma vez que registaram 2,20 e 2,31 índices de pulgão/planta, respetivamente.

Quadro 11: Eficácia dos esquemas de pulverização contra a mostarda, *L. erysimi*, na fase de formação de 50% das vagens

Sr. não	Tratamentos	Índice de pulgões/planta na fase de formação de 50% das vagens				
		Antes de 24 horas	3 DAS	7 DAS	10 DAS	Média
1.	Calendário 1	1.72 (2.94)	1.28 (1.63)	1.14 (1.30)	1.00 (1.00)	1.14 (1.30)
2.	Calendário 2	1.73 (3.00)	1.63 (2.64)	1.52 (2.31)	1.41 (2.00)	1.52 (2.31)
3.	Calendário 3	1.38 (1.91)	1.28 (1.63)	1.14 (1.30)	1.28 (1.63)	1.23 (1.51)
4.	Calendário 4	1.63 (2.64)	1.52 (2.31)	1.41 (2.00)	1.52 (2.31)	1.48 (2.20)
5.	Calendário 5	1.52 (2.31)	1.28 (1.63)	1.14 (1.30)	1.28 (1.63)	1.23 (1.51)
6.	Calendário 6	1.63 (2.64)	1.14 (1.30)	1.00 (1.00)	1.14 (1.30)	1.09 (1.19)
7.	Calendário 7 (Controlo)	1.73 (3.00)	1.82 (3.32)	1.91 (3.65)	2.00 (4.00)	1.91 (3.65)
S.Em. ±		0.10	0.12	0.11	0.10	0.04
C.D. a 5 %		NS	0.37	0.34	0.30	0.15
C.V. %		10.77	15.04	14.77	12.61	6.29

Os valores entre parênteses são valores originais, enquanto os valores exteriores são valores retransformados

DAS = Dias após a pulverização

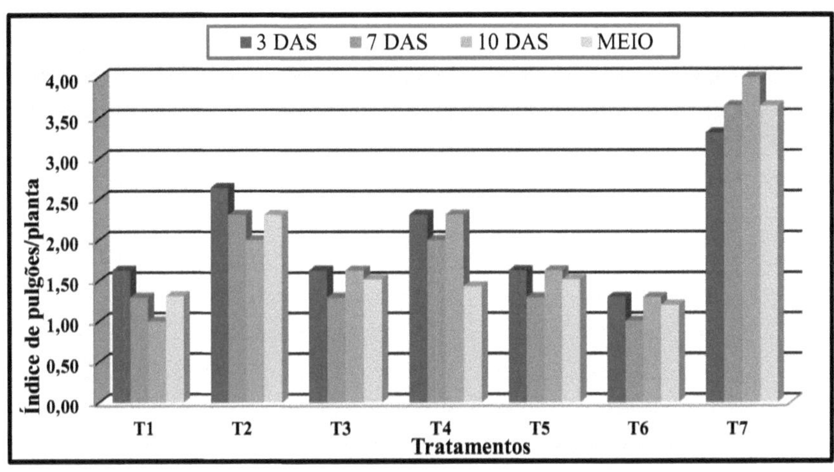

Fig.11 Eficácia dos esquemas de pulverização contra a mostarda, *L. erysimi* na fase de formação de 50% das vagens

Quadro 12: Efeito médio dos esquemas de pulverização contra *L. erysimi* em diferentes fases de crescimento

N.º Sr.	Tratamentos (Horários)	Média global do índice de afídeos/plantas				
		Pré-floração	50% de floração	100% de floração	50% de formação de vagens	Média
1.	Calendário 1	2.44 (5.95)	0.80 (0.63)	1.40 (1.97)	1.14 (1.30)	1.30 (1.70)
2.	Calendário 2	3.06 (9.36)	1.32 (1.75)	1.47 (2.17)	1.52 (2.31)	1.58 (2.49)
3.	Calendário 3	2.56 (6.55)	1.18 (1.40)	1.14 (1.30)	1.23 (1.51)	1.21 (1.47)
4.	Calendário 4	3.23 (10.41)	1.27 (1.61)	1.40 (1.97)	1.48 (2.20)	1.53 (2.35)
5.	Calendário 5	2.56 (6.57)	1.05 (1.09)	1.23 (1.51)	1.23 (1.51)	1.20 (1.43)
6.	Calendário 6	3.07 (9.45)	1.14 (1.30)	1.44 (2.07)	1.09 (1.19)	1.46 (2.13)
7.	Calendário 7 (Controlo)	2.61 (6.79)	1.82 (3.30)	2.00 (3.99)	1.91 (3.65)	2.40 (5.78)
S.Em.±		0.09	0.08	0.08	0.04	0.16
C.D. a 5 %		0.28	0.25	0.24	0.15	0.49
C.V. %		5.49	11.03	7.71	6.29	21.57

Os valores entre parêntesis são valores originais, enquanto os valores exteriores são transformados em raiz quadrada

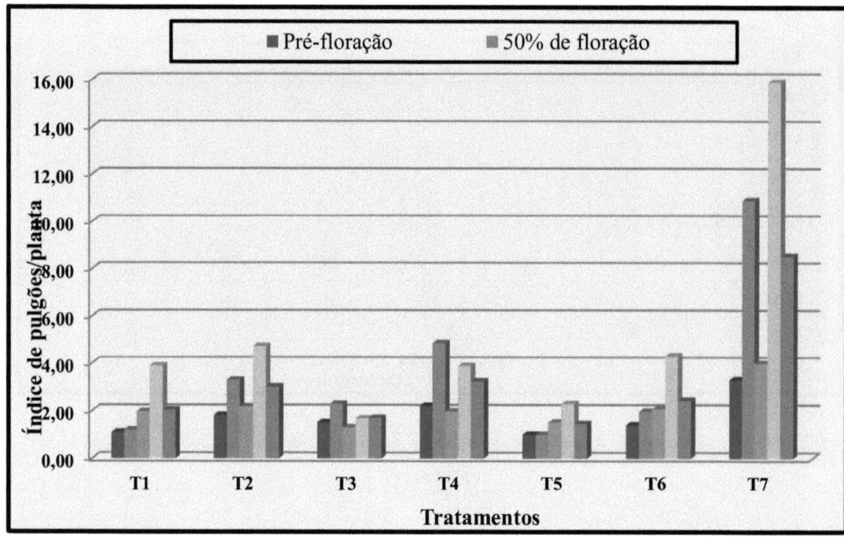

Fig.12 Efeito médio dos horários de pulverização contra *L. erysimi* em diferentes estádios de crescimento da mostarda

4.3.5 Efeito médio dos esquemas de pulverização contra *L. erysimi* em diferentes estádios de crescimento da mostarda

Os dados delineados dos resultados médios globais (Quadro 13) relativos ao efeito dos calendários de pulverização mostraram que os calendários 5 e 3 foram os mais eficazes na redução da população de *L. erysimi*, com uma média de 1,43 e 1,47 de índice de pulgões/planta. Além disso, os tratamentos no esquema 1 foram considerados iguais ao tratamento anterior e registaram 1,70 índice de pulgões/planta. Por outro lado, os tratamentos 6 e 4 foram considerados os melhores tratamentos seguintes, uma vez que registaram 2,13 e 2,35 índices de pulgões/planta. O esquema 2 foi menos eficaz contra *L. erysimi, pois registou um índice de pulgões/planta de* 2,49.

Durante o presente estudo, o imidaclopride revelou-se eficaz contra *L. erysimi,* enquanto *V. lecanii* registou o índice de afídeos mais elevado em comparação com os outros tratamentos.

4.4 Rendimento da mostarda

Os dados sobre o rendimento da mostarda obtidos em vários tratamentos foram resumidos no (Quadro 14) e representados na (Fig. 14). O rendimento da mostarda nos diferentes tratamentos variou de 520 a 1350 kg/ha. O maior rendimento (1350 kg/ha) de mostarda foi registado no esquema 5. No entanto, foi encontrado estatisticamente a par com o programa S3 (1150 kg/ha) e o programa 1 (1100 kg/ha). O rendimento moderado de mostarda foi obtido no horário 6 (1025 kg/ha). Os horários 4 e 5 registaram (830 kg/ha) e (750 kg/ha). Enquanto que, significativamente, o rendimento mais baixo (520 kg/ha) foi registado na parcela de controlo.

Quanto ao aumento percentual do rendimento em relação ao controlo, este variou de 20,91 a 75,45 % (Quadro 14 e Fig. 14). O aumento máximo (75,45%) do rendimento em relação ao controlo foi registado no programa 5. Os horários 3, 1, 6 e 4 foram os seguintes na ordem em que registaram 57,27, 52,73, 45,91 e 28,18 de aumento de rendimento em relação ao controlo, respetivamente. O esquema 2 foi considerado inferior com um aumento de 20,91% no rendimento da mostarda em relação ao controlo.

Quadro 14: Rendimento da mostarda em diferentes tratamentos

N.º Sr.	Horários	Rendimento (Kg por hectare)	Aumento percentual em relação ao controlo
1.	Calendário 1	1100	52.73
2.	Calendário 2	750	20.91
3.	Calendário 3	1150	57.27
4.	Calendário 4	830	28.18
5.	Calendário 5	1350	75.45
6.	Calendário 6	1025	45.91
7.	Calendário 7 (Controlo)	520	-
S.Em. ±		116.21	-
C.D. a 5 %		358.12	-
C.V. %		20.95	-

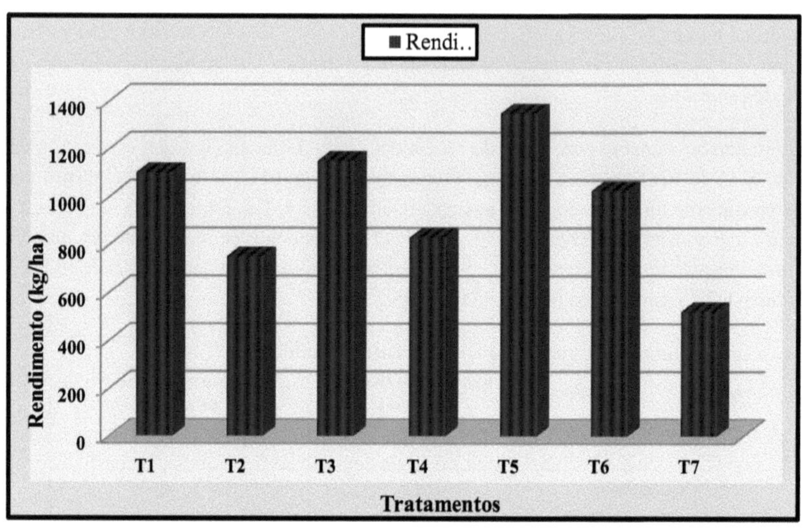

Fig.14Rendimento   da mostarda em diferentes tratamentos

4.5 Economia dos diferentes tratamentos aplicados para o controlo de *L. erysimi* na mostarda

Os aspectos económicos dos diferentes tratamentos (quadro 15) foram calculados juntamente com a relação custo-benefício incremental (RCIB). O ICBR é um critério muito importante, que indica a eficácia e a adequação de uma recomendação para uma aplicação alargada. Os dados sobre a economia de diferentes tratamentos insecticidas mostraram que a realização líquida mais elevada (69953 Rs./ha) foi observada no esquema 5 (Flonicamid 50 WG 0,02% + *B. bassiana* 1,15 WP 0,006% + *V. lecanii* 1,15% WP 0,006% + Azadirachtin 0.15 EC) seguido pelo cronograma 3 (Imidaclopride 17.8 SL 5% + *B. bassiana* 1.15 WP 0.006% + *V. lecanii* 1.15% WP 0.006% + Azadirachtin 0.15 EC) e cronograma 1 (*B. bassiana* 1.15% WP 0.006%) no qual (53448 Rs./ha) e (49436 Rs./ha) de realização líquida foram registados, respetivamente. Considerando que, o cronograma 6 (Acetamiprid 20 SP 0.004% + flonicamid 50 WG 0.02% + diafenthiuron 50 WP 0.025% + imidaclopride 17.8 SL 0.005%) e o cronograma 4 (Diafenthiuron 50 WP 0.025% + *B. bassiana* 1.15 WP 0.006% + *V. lecanii* 1.15% WP 0.006% + Azadiractina 0.15 EC) foram encontrados em seguida na ordem com (41035 Rs. /ha). No entanto, o esquema 2 (*V. lecanii* 1.15% WP 0.006%) deu um mínimo (17936 Rs. /ha) de realização líquida sobre o controlo.

A economia dos diferentes tratamentos foi calculada através do cálculo da relação custo-benefício incremental (ICBR). O ICBR mais alto (17,89) foi encontrado no esquema 1 (*B. bassiana* 1,15 WP 0,006%), seguido pelo esquema 3 (imidaclopride 17,8 SL 5% + *B. bassiana* 1,15 WP 0,006% + *V. lecanii* 1,15% WP 0.006% + Azadiractina 0,15 EC) e esquema 5 (flonicamid 50 WG 0,02% + *B. bassiana* 1,15 WP 0,006% + *V. lecanii* 1,15% WP 0,006% + Azadiractina 0,15 EC) com 16,44 e 14,74 de ICBR, respetivamente. O rácio ICBR moderado foi encontrado nos tratamentos do plano 6 (acetamipride 20 SP 0,004% + flonicamide 50 WG 0,02% + diafentiurão 50 WP 0,025% + imidaclopride 17,8 SL 0,005%) (9,29). Considerando que, o esquema 2 (*V. lecanii* 1.15% WP 0.006%) e o esquema 4 (diafentiuron 50 WP 0.025% + *B. bassiana* 1.15 WP 0.006% + *V. lecanii* 1.15% WP 0.006% + Azadirachtin 0.15 EC) mostraram ICBR mais baixo de 6.49 e 5.78.

Analisando a eficácia, o rendimento e a economia dos diferentes tratamentos, o esquema 5 (flonicamida 50 WG 0,02% + *B. bassiana* 1,15 WP 0,006% + *V. lecanii* 1,15% WP 0,006% + Azadiractina 0.15 EC) e o esquema 3 (imidaclopride 17.8 SL 5% + *B. bassiana* 1.15 WP 0.006% + *V. lecanii* 1.15% WP 0.006% + Azadirachtin 0.15 EC) foram considerados os tratamentos mais eficazes e económicos contra *L. erysimi* na mostarda. O esquema 1 (*B. bassiana* 1,15% WP 0,006%) sozinho mostrou uma eficácia muito boa e provou ser um dos melhores tratamentos económicos contra *L. erysimi* na mostarda.

Quadro 15: Economia dos diferentes tratamentos aplicados para o controlo de *L. erysimi* na mostarda

Sr. Não	Horários	Quantidade de Inseticida para quatro pulverizações litro ou kg/ha	Custo do inseticida para três pulverizações (Rs. /ha)	Custo do tratamento (Rs. /ha)	Rendimento (Kg/ha)	Ganho líquido (Kg/ha)	Líquido rendimento (Rs. /ha)	Líquido realização (Rs. /ha)	ICBR
1.	Calendário 1	10	1500	2764	1100	580	52200	49436	1:17.89
2.	Calendário 2	10	1500	2764	750	230	20700	17936	1:6.49
3.	Calendário 3	0.14+2.50+2.502.50	1988	3252	1150	630	56700	53448	1:16.44
4.	Calendário 4	0.50+2.50+2.50+2.50	2850	4114	830	310	27900	23786	1:5.78
5.	Calendário 5	0.20+2.50+2.50+2.50	3483	4747	1350	830	74700	69953	1:14.74
6.	Calendário 6	0.10+0.20+0.50+0.14	3151	4415	1025	505	45450	41035	1:9.29
7.	Calendário 7 (controlo)	0	0	1264	520	0	0	0	0

500 litros de solução de pulverização utilizada/aplicação/hectare

Taxa de mão de obra: Rs. 312/ha/pulverização

Preço de mercado da mostarda: Rs. 90/kg

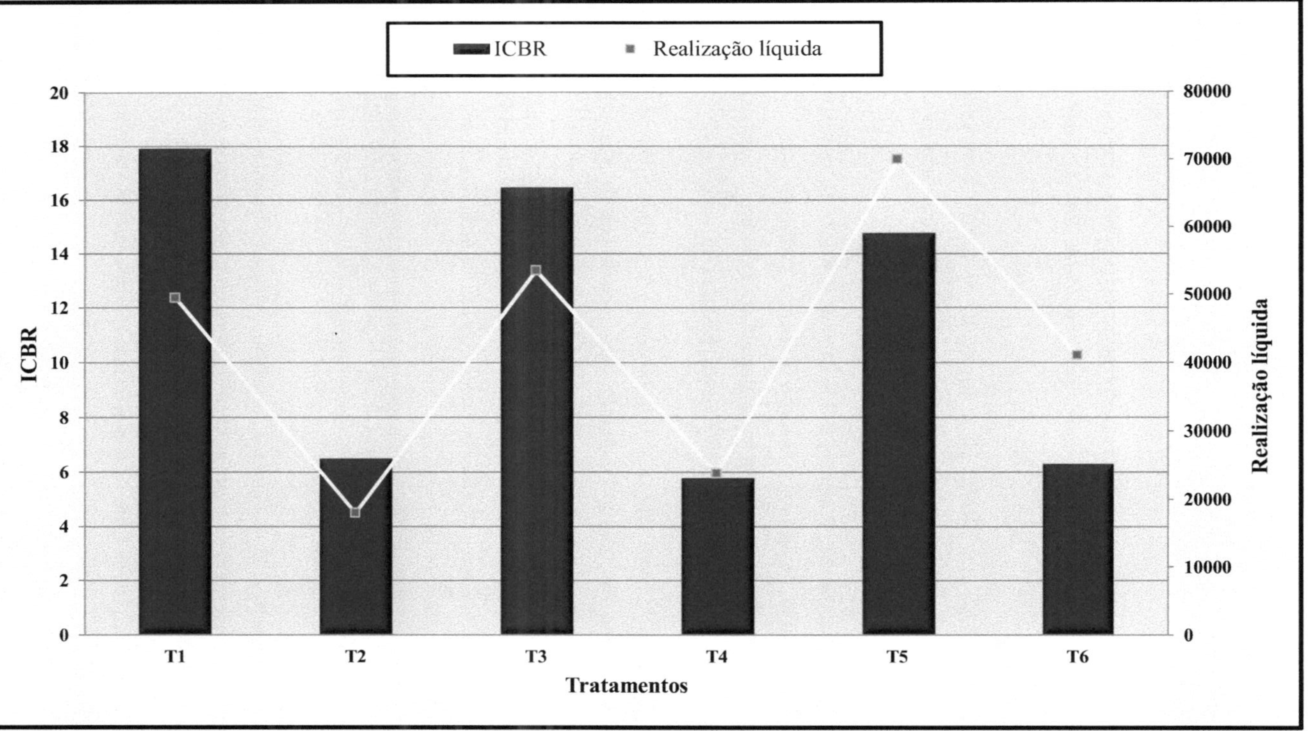

Fig.15　Economia dos diferentes tratamentos aplicados para o controlo de *L. erysimi* na mostarda durante a *rabi*, 2016-17

BIBLIOGRAFIA

Aguda, R. M.; Saxena, R. C.; Litsinger, J. A. e Roberts, D. W. (1988). Efeitos inibitórios de insecticidas em fungos entomógenos, *Metarhizium anisopliae* (Metschn.) Sorokin e *Beauveria bassiana* (Bals.) Vuill. *International Rice Research Newsletter*, **9**(6): 16-17.

Alizade, A.; Mohamad, A. S.; Masood, K. e Rohallah, S. R. (2007). Compatibilidade de *Beauveria bassiana* (Bals.) Vuill. com vários pesticidas. *Revista Internacional de Agricultura e Biologia*, **9**(1): 31-34.

Alizadeh, A.; Samih, M. A.; Khezri, M. e Riseh, R. S. (2007). Compatibilidade de *Beauveria bassiana* (Bals.) Vuill. com vários pesticidas. *Revista Internacional de Agricultura e Biologia*, **9**(1): 29-34.

Ambethgar, V.; Swamiappan, M.; Rabindra, R. J. e Rabindran, R. (2009). Compatibilidade biológica do isolado de *Beauveria bassiana* (Balsamo) Vuillemin com diferentes insecticidas e formulações de neem habitualmente utilizadas na gestão das pragas do arroz . *Journal of Biological Control*, **23**(1): 11-15.

Amutha, M.; Banu, G. J.; Surulivelu, T. e Gopalakrishna, N. (2010). Efeito de *Beauveria bassiana* isolada das colinas de Pulney, Ghats ocidentais de Tamil Nadu com insecticidas e fungicidas. *Elixer Agriculture,* **40**(2): 5563-5567.

Anónimo (2004). Relatório anual de investigação. Culturas Oleaginosas, Estação Principal de Investigação de Sementes Oleaginosas, Universidade Agrícola de Gujarat, Junagadh, pp. 47-54.

Anónimo (2017). Direção de Economia e Estatística. Disponível em http://eands.dacnet.nic.in/mustard.pdf acedido em 20 de novembro, 2016.

Araujo, J. M. D.; Edmilson, J. M. e Oliveira, J. V. (2009). Potencial de solados de *Metarhizium anisopliae Beauveria bassianae* do Oleo de Nim no Controle do Pulgao *Lipaphis erysimi* (Kalt.) (Hemiptera: Aphididae). *Neotropical Entomology,* **38**(4): 520-525.

Aslam, M. e Ahmad, M. (2001). Eficácia de alguns insecticidas contra o pulgão da mostarda , *Lipaphis erysimi* (Kalt.) (Aphididae: Homoptera) em três culturas diferentes. *Journal of Research (Science)*, **12**(1): 19-25.

Awasti, V. B. (2002). Introdução à entomologia geral e aplicada. Scientific Publisher, Jodhpur (Índia), pp. 266-271.

Babu, N. M. (2014). Deteção da compatibilidade do fungo entomopatogénico *Beauveria bassiana* (Bals.) Vuil. com pesticidas, fungicidas e botânicos. *International Journal of Plant, Animal and Environmental Science*, 4(2): 613-624.

Bakhetia, R. C. e Sekhon, B. S. (1989). Pragas de insectos e sua gestão na mostarda de colza. *Journal of Oilseed Research*, 6(2): 269-299.

Bartlett, N. S. (1947). The use of "Transformation". *Biometrics,* 3(2): 39-52.

Basavaraju, B. S.; Sherief, R. A.; Gopal, R. D. e Gopal, R. B. K. (1995). Integrated pest management of aphid on mustard. *Current Research*, 24(8): 148-149.

Batista, F. A.; Leite, L. G.; Raga, A.; Sato, M. E. e Rossi, M. N. (2001). Efeito do óleo mineral sobre o fungo entomógeno, *Beauveria bassiana. Revista de Agricultura Piracicaba*, 70(3): 315-324.

Bliss, C. A. (1934). The method of prelist. *Science*, 79(3): 39.

Butt, T. M.; Ibrahim, L.; Ball, B. V. e Clark, S. J. (1994). Patogenicidade dos fungos entomógenos, *Metarhizium anisopliae* (Metschn.) Sorokin e *Beauveria bassiana* (Bals.) Vuill. contra pragas de crucíferas e a abelha melífera. *Biocontrol Science and Technology*, 4(2): 207-214.

Challa, M. M. (2014). Compatibilidade de isolados de *Beauveria bassiana* (BALS.) VUILL. com a exploração de *Beauveria bassiana* e *Metarhizium anisopliae* como potenciais agentes de biocontrolo no Manejo Integrado de Pragas (MIP) em citros. *Omnorice,* 17(1): 152-163.

Chandler, D. (1992). The potential of entomopathogenic fungi to control the lettuce root aphid, *Pemphigus bursarius. Phytoparasitica*, 20(3): 11-15.

Chinnabbai, C. H.; Devi, C. H. R. e Venkataiah, M. (1999). Bio-eficácia de alguns novos insecticidas contra o pulgão da mostarda, *Lipaphis erysimi* (Kalt.) (Aphididae, Homoptera). Pest *Management and Economic Zoology,* 7(1): 47-50.

Dara, S. K. (2017). Compatibilidade do fungo entomopatogénico *Beauveria bassiana* com alguns fungicidas utilizados no morango da Califórnia. *The Open Plant Science Journal*, **10**(3): 29-34.

Dhaliwal, G. S.; Jindal, V. e Bharathi, M. (2013). Pragas agrícolas do sul da Ásia e sua gestão. *Um Esboço de Entomologia,* **8**(2): 48-49.

Dhar, P. e Kaur, G. (2009). Análise da compatibilidade dos fungos entomopatogénicos *Beauveria bassiana* (Bals.) Vuill. com vários pesticidas. *Journal of Entomological Research,* **33**(3): 195-202.

Dhingra, O. D. e Sinclair, J. B. (1986). Basic plant pathology methods. CRC Press, Inc., Boca Raton, Florida, pp. 179-189. Boca Raton, Florida, pp. 179-189.

Downey, R. K. (1983). The origin and description of the brassica oilseed crop, high and low uric acids rapeseed oils: production, usage, chemistry and toxicological evaluation, *Academic Press,* Canada, pp. 1-20.

Dutky, S. R. (1959). Teste de agentes patogénicos para o controlo de insectos do tabaco. *Microbiologia Aplicada Avançada,* **1**(2): 175-200.

Easwaramoorthy, S. e Jayaraj, S. (1977). Controlo da cochonilha da goiaba, *Pulvinaria psidii* (Mask.) e do pulgão da malagueta, *Myzus persicae* (Sulz.) com *Cephalosporium lecanii* (Zimm.) e insecticidas. *Indian Journal of Agricultural Sciences*, **47**(3): 136-139.

Ekesi, S.; Akpa, A. D. e Ogunlana, M. O. (2000). Entomopatogenicidade de *Beauveria bassiana* e *Metarhizium anisopliae* para o pulgão do feijão-frade, *Aphis craccivora* Koch (Homoptera: Aphididae). *Archives of Phytopathology and Plant Protection*, **33**(2): 171-180.

Faraji, S.; Shadmehri, A. D. e Mehrvar, A. (2016). Compatibilidade dos fungos entomopatogénicos *Beauveria bassiana* e *Metarhizium anisopliae* com alguns pesticidas. *Jornal da Sociedade Entomológica do Irão*, **36**(2): 137-146.

Ferron, P. (1978). Biological control of insect pests by entomogenous fungi. *Revisão Anual de Entomologia*, **23**(2): 409-442.

Gami, J. M.; Bapodra, J. G. e Rathod, R. R. (2002). Controlo químico do pulgão da mostarda, *Lipaphis erysimi* (Kalt.). *Indian Journal of Plant Protection*, **30**(2): 180-183.

Gnanaprakasam, A. R. (2011). Compatibilidade do fungo entomopatogénico *Beauveria bassiana* isolado de Pulney hills, Ghats ocidentais de Tamil Nadu com inseticida e fungicidas. *Elixir Agriculture*, **40**(2): 5563-5567.

Gomez, K. A. e Gomez, A. A. (1984). Statistical producer for agricultural research (segunda edição). John Wiley and Sons, Nova Iorque, pp. 304-311.

Gour, I. S. e Pareek, B. L. (2003). Avaliação no terreno de insecticidas contra o pulgão da mostarda, *L. Erysimi* (Kalt.), na região semi-árida do Rajastão. *Indian Journal of Plant Protection*, **31**(2): 25-27.

Gowrish, K. R.; Ramesha, B.; Ushakumari, R.; Santhoshkumar, T. e Vijaya, R. K. (2013). Efeito do spinosad 45 sc no crescimento e desenvolvimento de fungos entomopatogénicos *Metarhizium anisopliae* e *Beauveria bassiana. Entomon*, **38**(3): 155-160.

Gupta, R. B. L.; Sharma, S. e Yadava, C. P. S. (2002). Compatibilidade de dois entomo-fungos, *Metarhizium anisopliae* e *Beauveria bassiana,* com certos fungicidas, insecticidas e adubos orgânicos. *Indian Journal of Entomology*, **64**(1): 48-52.

Haidar, A. e Ansari, M. S. (2008). Eficácia dos insecticidas contra *Lipaphis erysimi* na cultura da mostarda. *Journal of Entomological Research,* **32**(1): 45-47.

Harper, A. M. e Huang, H. C. (1987). Mortalidade de insectos da luzerna afectados por um fungo entomófago. Research Highlights, Lethbridge Research Station, Lethbridge, Alberta, Canadá, pp. 76-77.

Hassan, S. A. (1989). Metodologia de ensaio e o conceito do grupo de trabalho IOBC/WPRS. In: *Pesticides and Non-Target Invertebrates* (P. C. Jepson, ed.), Intercept, Wimborne, Dorset, pp. 1-8.

Henderson, C. F. e Tilton, E. W. (1955). Teste com acaricidas contra o ácaro castanho do trigo. *Journal of Economic Entomology*, **48**(2): 157-161.

Jat, S. L. e Singh, B. (2005). Eficácia relativa de alguns insecticidas mais recentes contra o pulgão da mostarda, *Lipaphis erysimi* (Kalt.). *Agricultura atual*, **29**(1&2): 79-82.

Karadzhov, S. (1974). Eficácia da bio-reparação boveriana (*Beauveria bassiana* (Bals.) Vuill.) no controlo da traça da maçã. *Gradinaeska I Lozarska Nanka*, **11**(5): 62-68.

Karthikeyan, A. e Selvanarayanan, V. (2011). Eficácia *in vitro* de *Beauveria bassiana* (Bals.) Vuill. e *Verticillium lecanii* (Zimm.) Viegas contra insectos-praga seleccionados do algodão. *Pesquisa Recente em Ciência e Tecnologia*, **3**(2): 142-143.

Keot, S.; Saikia, D. K. e Nath, R. K. (2002). Complexo de pragas de insectos de legumes *Brassica. Journal of Agriculture Science,* **15**(1): 28-33.

Khalequzzaman, M. e Nahar, J. (2008). Toxicidade relativa de alguns insecticidas e da azadiractina contra quatro espécies de afídeos que infestam as culturas. *Jornal Universitário de Zoologia*, **27**(3): 31-34.

Khan, S.; Bagwan, N. B.; Fatima, S. e Iqbal, M. A. (2012). Compatibilidade *in vitro* de dois fungos entomopatogénicos com insecticidas, fungicidas e reguladores de crescimento de plantas seleccionados . *Revista Internacional do Centro de Investigação Agrícola da Líbia*, **3**(1): 36-41.

Kouassi, M.; Coderre, D. e Todorova, S. I. (2003). Efeitos do momento das aplicações na incompatibilidade de três fungicidas e um isolado do fungo entomopatogénico *Beauveria bassiana* (Balsamo) Vuillemin (Deuteromycotina). *Journal of Applied Entomology*, **127**(12): 421-426.

Kumar, A.; Jandial, V. K. e Parihar, S. B. S. (2007a). Eficácia de diferentes insecticidas contra o pulgão da mostarda, *Lipaphis erysimi* (Kalt.) na mostarda em condições de campo. *International Journal of Agriculture* Science, **3**(2): 90-91.

Kumar, B. V.; Patel, M. B. e Pandya, H. V. (2007b). Avaliação de campo de insecticidas para o controlo do pulgão da mostarda, *Lipaphis erysimi* (Kalt.) na mostarda, *Brassica juncea* (Linnaeus). *Pestologia*, **12**(2): 25-26.

Kumar, R.; Dikshit, A. K. e Prasad, S. K. (2001). Bio-eficácia e resíduos de imidaclopride na mostarda. *Journal of Pesticide Research*, **13**(2): 213-217.

Kumar, S. e Kumar, A. (2016). Bioeficácia de biopesticidas e certos   insecticidas químicos   contra o pulgão da mostarda *(Lipaphis erysimi* Kalt.) na cultura da mostarda em condições de campo. *Revista Internacional de Proteção das Plantas*, **9**(1): 129-132 .

Kumar, S.; Krishna, M.; Tripathi, R. A.; Singh, S. S. e Mohan, K. (1996). Eficácia comparativa e economia de alguns insecticidas contra o pulgão da mostarda, *Lipaphis erysimi* (Kalt.) na mostarda. *Annals of Plant Protection Sciences*, **4**(2): 160-164.

Loria, R. e Galaini, S. (1983). Sobrevivência do inóculo do fungo   entomopatogénico *Beauveria bassiana* influenciada por fungicidas. *International Journal   of   Plant Protection*, **11**(5): 12-17.

Majachrowicz, I. e Poprawski, T. T. (2008). Efeitos *in vitro* de nove fungicidas no crescimento de fungos entomopatogénicos. *Ciência e Tecnologia do Biocontrolo*, **3**(3): 321-336.

Malekan, N.; Hatami, B.; Ebadi, R.; Akhavan, A. e Radjabi, R. (2012). Os efeitos singulares e combinados de fungos entomopatogénicos, *Beauveria bassiana*   (Bals.)   e   *Lecanicillium muscarium* (Petch.) com inseticida imidaclopride em   diferentes   fases   ninfais   de *Trialeurodes vaporariorum* em   condições laboratoriais   . *Avanços em Biologia Ambiental*, **6**(1): 423-432.

Mandal, D.; Bhowmik, P. e Chatterjee, M. L. (2012). Avaliação de   insecticidas novos e   convencionais para a gestão do pulgão da mostarda, *Lipaphis*   *erysimi*   Kalt. (Homoptera: Aphididae) na colza (*Brassica juncea* L.). *The   Journal   of   Plant Protection Sciences*, **4**(2): 37-42.

Martins, F.; Soares, M. E.; Oliveira, I.; Pereira, J. A.; Bastos, M. L. e Batista, P.   (2012). Tolerância e bioacumulação de cobre pelo entomopatógeno   *Beauveria*   *bassiana* (Bals.-Criv.) Vuill. exposto a vários fungicidas à base de cobre   . *Boletim   de Contaminação Ambiental e Toxicologia*, **89**(3):   53-60.

Meena, R. K. e Lal, O. P. (2004). Bioeficácia de certos insecticidas sintéticos contra o pulgão da mostarda, *Lipaphis erysimi* (Kalt.) em couve. *Journal of Entomological Research*, **28**(1): 87-91.

Mehta, B. V. (2015). 26th conferência e exposição anual de óleos de palma e láurico. India as a Stratagic Partner in Vegetable Oil Market, pp. 16-17.

Miranpuri, G. S. e Khachatourians, G. G. (1993). Aplicação do fungo entomopatogénico, *Beauveria bassiana,* contra o pulgão verde do pêssego, *Myzus persicae* (Sulzer) que infesta a canola. *Journal of Insect Science*, **6**(2): 287-289.

Muhammad, A.; Muhammad, B. e Muhammad, A. (2002). Eficácia comparativa de alguns insecticidas contra o pulgão da mostarda, *Lipaphis erysimi* (Kalt) que ataca a cultura de inverno de *Brassica*. *Pakistan Entomology*, **24**(1): 39-40.

Murlimohan, C. e Sanivada, S. K. (2014). Compatibilidade de *Beauveria bassiana* (Bals.) Vuill. isolados com insecticidas e fungicidas seleccionados na agricultura. *Innovare Journal of Agricultural Science*, **2**(3): 7-10.

Neves, P. M. O. J.; Hirose, P. T. T. e Moino, A., (2001). Compatibilidade de fungos entomopatogénicos com insecticidas neonicotinóides. *Neotroph Entomology,* **30**(4): 263-268.

Oliveira, C. N.; Neves, P. M. O. J. e Kawazoe, L. S. (2003). Compatibilidade entre o fungo entomopatogênico *Beauveria bassiana* e inseticidas utilizados na lavoura cafeeira. *Scientia Agricola*, **60**(4): 663-667.

Olivera, R. C. (2014). Compatibilidade do controlo biológico de *B. bassiana* com acaricidas. *Neotropical Entomology*, **33**(1): 353-358.

Olmert, I. e Kenneth, R. G. (1974). Sensibilidade de fungos entomopatogénicos, *Beauveria bassiana* (Bals.) Vuill. e *Veticillium lecanii* a fungicidas e insecticidas. *Envoronmental Entomology*, **3**(2): 33-38.

Pandey, A. K. e Kanaujia, K. R. (2009). Efeito de diferentes fungicidas no crescimento, esporulação e germinação de *Beauveria bassiana* (Balsamo) Vuillemin. *Revista Internacional de Proteção das Plantas*, **2**(1): 4-7.

Panse, V. G. e Sukhatme, P. V. (1985). Statistical methods for agricultural workers (Métodos estatísticos para trabalhadores agrícolas). Conselho Indiano de Investigação Agrícola. p.378.

Parameswaran, G. e Sankaran, T. (1977). Registo de *Beauveria bassiana* (Bals.) Vuill. em *Linschcosteus* Sp. (Hemiptera: Reduviidae: Triatominae) na Índia. *Journal of entomological Research,* **1**(1): 113-114.

Parmar, G. M. e Kapadia, M. N. (2007). Toxicidade de produtos químicos ecológicos para coccinelídeos predadores da mostarda. *GAU Research Journal,* **32**(1&2): 34-36.

Parmar, G. M. e Kapadia, M. N. (2008). Avaliação laboratorial de dois micoinseticidas isolados e em combinação com insecticidas sintéticos contra *Lipaphis erysimi* (Kalt.). *Asian Journal of Biological Science,* **3**(2): 283-285.

Patel, H. M. (2005). Estudos sobre a dinâmica populacional dos principais insectos pragas da mostarda em relação às datas de sementeira, tabelas de vida em diferentes hospedeiros e gestão de *Athalia lugens proxima* (Klug). Tese de doutoramento (não publicada), AAU, Anand, pp. 41.

Patel, M. G.; Patel, J. R. e Borad, P. K. (1995). Eficácia comparativa e economia de vários insecticidas contra o afídeo *Lipaphis erysimi* (Kalt.) na mostarda em Gujarat. *Indian Journal of Plant Protection,* **23**(3): 217-218.

Patel, M. R. (2006). Dinâmica populacional, seleção de variedades e bioeficácia de insecticidas contra o complexo de pragas da mostarda. Tese de mestrado (Agri.) (não publicada), NAU, Navsari, pp. 40-43.

Prasad, S. K. (1994). Eficácia de alguns produtos de neem em relação ao oxydemeton methyl contra o pulgão da mostarda (*Lipaphis erysimi* Kalt.) na cultura da colza (*Brassica campestris* Linn.). *Pesticide Research Journal,* **6**(1): 95-97.

Purwar, G. P. e Sachan, G. C. (2006). Efeito sinérgico de fungos entomógenos em alguns insecticidas contra a lagarta peluda de Bihar. *Microbiological Research,* **161**(1): 38-42.

Rana, J. S. (2013). Gestão do pulgão da mostarda, *Lipaphis erysimi* (Kalt.), através da utilização de um fungo entomopatogénico, *Verticillium lecani,* em condições de campo. CCS Haryana Agricultural University, Hisar, Haryana, pp. 1-6.

Rana, J. S. e Singh, D. (2002). Fungos entomopatogénicos, *Verticillium lecanii* (Zimm.) como potencial agente de biocontrolo contra o pulgão da mostarda, *Lipaphis erysimi* (Kalt.) em colza-mostarda. *Cruciferae Newsletter*, **24**(1): 97-98.

Rao, P. S. (1975). Widespread occurance of *Beauveria bassiana* on rice pests. *Current Science*, **44**(3): 441-442.

Rashid, M.; Sheikhi, G. A.; Naseri, B.; Ghazavi, M. e Barari, H. (2012). Compatibilidade dos fungos entomopatogénicos *Beauveria bassiana* com os insecticidas fipronil, pyriproxyfen e hexaflumuron. *Jornal da Sociedade Entomológica do Irão*, **31**(2): 29-37.

Rohilla, H. R. e Kumar, P. R. (2004). Gestão das pragas de insectos da mostarda e da colza. *Indian Farming*, **40**(12): 21-23.

Roy, D.; Debnath, P. e Sarkar, P. K. (2016). Bioeficácia comparativa de alguns inseticidas sistêmicos contra *Lipaphis erysimi* K. infestando mostarda vis-a-vis avaliação laboratorial de sua toxicidade em *Apis mellifera* L. *The Journal of Plant Protection Sciences*, **4** (3): 12-16.

Sachan, S. K.; Chauhan, A. S.; Singh, D. V. e Singh, H. (2006). Eficácia e economia de alguns insecticidas mais recentes contra o pulgão da mostarda, *Lipaphis erysimi* (Kalt.). *Indian Journal of Crop Science*, **1**(1&2): 168-170.

Safavi, S. A.; Rassulian, G. R.; Askary, H. e Pakdel, A. K. (2002). Patogenicidade e virulência do fungo entomógeno *Verticillium lecanii* (Zimm.) Viegas no pulgão da ervilha, *Acyrthosiphon pisum* (Harris). *Revista de Ciência e Tecnologia da Agricultura e Recursos Naturais*, **6**(10): 245-255.

Sharma, P. K. e Kashyap, N. P. (1998). Estimativa das perdas em três culturas diferentes de sementes oleaginosas de *Brassica* devido ao complexo de afídeos em Himachal Pradesh (Índia). *Journal of Entomological Research*, **22**(3): 22-25.

Singh, R. K e Verma, R. A. (2008). Eficácia relativa de certos insecticidas contra o pulgão da mostarda *(Lipaphis erysimi)* na mostarda indiana (*Brassica juncea*). *Indian Journal of Agricultural Sciences,* **78**(9): 821-823.

Singh, R. K.; Vats, S. e Singh, B. (2014). Análise da compatibilidade de fungos entomopatogénicos *Beauvera bassiana* com vários pesticidas. *Jornal de Pesquisa de Ciências Farmacêuticas, Biológicas e Químicas,* **5**(1): 831-844.

Sontakke, B. K. e Dash, A. N. (1996). Estudos sobre os efeitos dos insecticidas e da formulação de neem contra as principais pragas da mostarda e a sua segurança para as abelhas. *Indian Journal of Environment and Toxicology*, **6**(2): 87-88.

Sukhova, T. I. (1987). O método biológico na estufa. *Zashchita Rastenii*, **2**(2): 37-38.

Tedders, W. L. (1981). Inibição *in vitro* dos fungos entomopatogénicos *Beauveria bassiana* e *Metarhizium anisopliae* por seis fungicidas utilizados na cultura da noz-pecã. *Environmental Entomology*, **10**(3): 346-349.

Todorova, S. I.; Coderre, D.; Duchesne, R. M. e Cote, J. C. (1998). Compatibilidade de *Beauveria bassiana* com fungicidas e herbicidas seleccionados. *Environmental Entomology*, **27**(2): 427-433.

Ujjan, A. A. e Shahzad, S. (2012). Utilização de fungos entomopatogénicos para o controlo do pulgão da mostarda (*Lipaphis erysimi*) na canola (*Brassica napus* L.). *Pakistan Journal of Botany,* **44**(6): 2081-2086.

Usha, J.; Babu, N. M. e Padmaja, V. (2014). Deteção da compatibilidade do fungo entomopatogénico *Beauveria bassiana* (Bals.) Vuill. com pesticidas, fungicidas e botânicos. *Revista Internacional de Ciências Vegetais, Animais e Ambientais*, **4**(2): 613-624.

Vekaria, M. V. e Patel, G. M. (2000). Bioeficácia de plantas e certos insecticidas químicos e suas combinações contra o pulgão da mostarda, *Lipaphis erysimi. Indian Journal of Entomology*, **62**(2): 150-158.

Wenfeng, H. e Yuch, C. L. (1995). Efeitos dos fungicidas no fungo entomopatogénico *Beauveria bassiana* (Bals.) Vuill. *Chinese Journal of Entomology*, **15**(4): 295-304.

Wright, J. E. e Kennedy, F. G. (1996). Um novo produto biológico para o controlo das principais pragas de estufa. Conferência Britânica sobre Proteção das Culturas: Pests and Diseases-1996: Processing of an International Conference, Brighton, U.K., pp. 885-892.

Ye, S.; Dun, Y. e Feng, M. (2005). Interacções dependentes do tempo e da concentração de *Beauveria bassiana* com taxas sub-letais de imidaclopride contra as   pragas de afídeos *Macrosiphoniella sanborni* e *Myzus persicae*. *Annals of   Applied Biology*, **146**(8): 459-468.

Zhang, Y.; Wang, Z.; Yin, Y.; Pei, Y.; Zhang, J.; Wang, K.; Yin, P. e Pei, Y. (2001). Características biológicas de *Beauveria bassiana* e sua virulência contra pulgões do trigo. *Jornal da Universidade Agrícola do Sudoeste*, **23**(2): 144-146.

I want morebooks!

Buy your books fast and straightforward online - at one of world's fastest growing online book stores! Environmentally sound due to Print-on-Demand technologies.

Buy your books online at
www.morebooks.shop

Compre os seus livros mais rápido e diretamente na internet, em uma das livrarias on-line com o maior crescimento no mundo! Produção que protege o meio ambiente através das tecnologias de impressão sob demanda.

Compre os seus livros on-line em
www.morebooks.shop

Printed by Books on Demand GmbH, Norderstedt / Germany